运筹模型与决策支持

李水旺　田智慧　熊　伟　编著

黄河水利出版社

内 容 提 要

本书是关于科学决策技术的基础性理论与方法的著作。全书以科学决策的技术为主线，针对不同结构的决策问题分别介绍了分析结构化决策问题的模型化方法、数据库方法和分析半结构化决策问题的决策支持系统与专家系统。

本书可作为高等院校运筹管理专业、计算机专业本科生和研究生的教学参考用书，也可供从事信息系统研究和应用开发的人员参考。

图书在版编目(CIP)数据

运筹模型与决策支持/李水旺，田智慧，熊伟编著．郑州：黄河水利出版社，2009.8

ISBN 978-7-80734-709-5

Ⅰ.运… Ⅱ.①李…②田…③熊… Ⅲ.①运筹学-数学模型-高等学校-教材②决策支持系统-高等学校-教材 Ⅳ.022 TP399

中国版本图书馆 CIP 数据核字(2009)第 151921 号

组稿编辑：王路平　电话：0371-66022212　E-mail：hhslwlp@126.com

出 版 社：黄河水利出版社

地址：河南省郑州市顺河路黄委会综合楼 14 层　　邮政编码：450003

发行单位：黄河水利出版社

发行部电话：0371-66026940、66020550、66028024、66022620(传真)

E-mail：hhslcbs@126.com

承印单位：黄河水利委员会印刷厂

开本：787 mm×1 092 mm　1/16

印张：8.75

字数：200 千字　　印数：1—1 500

版次：2009 年 8 月第 1 版　　印次：2009 年 8 月第 1 次印刷

定价：20.00 元

前 言

当今世界，科学技术尤其是信息化技术日新月异，国际经济和政治的一体化活动变化多端，各种层次所面临的决策问题的规模和复杂程度也日益增加。因此，传统的经验决策已经远远不能适应现实的需要。必须认真地对待充满竞争、富于挑战和千变万化的现实与未来，努力推广、掌握科学的现代化管理和运筹决策的技术与方法。

从决策问题的结构化上来看，不同结构的决策问题，在科学决策的技术与方法上也体现出明显的不同。一般来讲，结构化的决策问题，其科学决策的支持技术通常是采用建立模型并分析求解的方法即模型化方法，或者就是采用数据库技术对数据进行查询、统计的方法；对于半结构化和非结构的决策问题，上述方法通常是无效的，而需要建立相应的模型库、知识库并进行大量的人机交互实施分析决策，这就要采用决策支持系统的决策支持技术与方法。本书就是以介绍、论述不同结构的决策问题的决策支持技术为主线展开和编著的。

本书是作者结合多年从事运筹管理教学、科研和应用开发的经验，在整理作者的教学、科研和应用系统开发的成果，以作者的教案为主，同时参考了国内相关的研究成果的基础上而撰写的。全书共分为10章，第一章论述了决策问题的结构化与科学决策的概念；第二章至第六章分别介绍了常用的分析结构化决策问题的五类模型化方法，即线性规划模型、动态规划模型、对策模型、决策分析模型和网络分析模型；第七章论述了数据库技术及其辅助决策；第八章论述了模型库技术及其辅助决策；第九章论述了知识库技术及其辅助决策；第十章介绍了集数据库、模型库和知识库于一体的决策支持系统的基本理论与方法。

本书由李水旺、田智慧、熊伟编著，由李水旺负责统稿。本书得到了国家科技支撑计划课题(2007BAH08B06)资助，并得到黄河水利出版社的大力支持。本书在编写过程中，引用了许多论著的成果(见参考文献)，在此对论著的作者表示感谢！同时，由于篇幅所限，可能未全列出，如有不周，请读者批评指正。

作 者

2009年7月于郑州

目　录

第一章　概　论

第一节　科学决策

什么叫决策？从不同角度、不同深度，众说纷纭。如现代管理科学创始人之一、世界著名经济学家阿·西蒙（H. A. Simon）提出的“管理就是决策”；我国著名学者于光远先生提出的“决策就是作决定”。这两种不同的定义，从不同的角度深刻揭示了决策的基本内容，那就是决策（Decision Making）是为达到决策问题的某种预期目标而作（的）决定。

人是有理想和意图的“万物之灵”，人类的实践活动是在理想和意图的支配下，为达到一定目的而进行的。成功的决策自古有之。张良“运筹帷幄之中，决胜千里之外”，为汉代的建立和巩固谋划了很多英明的决策；诸葛亮作“隆中对”三分天下；朱元璋采纳刘伯温“高筑墙、广积粮、缓称王”的建议，创立了明王朝；孙膑为田忌赛马献计献策而胜齐威王；李冰父子设计了都江堰水利工程，妥善解决了分洪、排沙、引水等一系列兴利除害的问题；丁渭领导的重建北宋汴宫工程，就地取土，把建设施工用土、开凿运河工程、处理残渣废物等任务统筹安排，节省了大量人力、物力和时间。这些决策的共同特点在于都是领导者的经验决策。其决策的成功与否取决于领导者的智慧、阅历和才能、胆略是否超群。经验决策是与小生产方式相适应的，一般来说并没有规范化、程序化、科学化，也难以被大多数人所掌握。

随着人类社会的进步，科学技术尤其是信息技术飞速发展，使得生产规模不断扩大、社会活动日益复杂、信息量呈爆炸状态且瞬息万变，经验决策已经远远不能适应现代化生产和决策的需要。现代决策更强调决策的科学化即科学决策，反之，决策失误就在所难免。代表美国工业化水平并具标志性意义的美国通用公司具有百年辉煌历史，曾经长期占领世界500强之首，但是，由于经营决策失误，短短的几年时间就衰落到了破产的境地；曾经以强势形象和强国实力立于中东的伊拉克，由于萨达姆集团的决策失误，短时间就导致了伊拉克国破家亡、民不聊生。

从经验决策上升到科学决策势在必行。科学决策必须做到：①严格实行科学决策程序；②强调运用科学决策技术；③决策者用科学的思维方法作出决断。科学决策并不排斥决策者个人的阅历、智慧、才能和胆略，恰恰相反的是对决策者提出了更高的要求。当然，科学决策也不是万能的，它的作用是弥补经验决策的不足，使决策最优化或者使可能产生的决策失误尽量减小到最低程度。

科学决策是一个过程，是为达到决策问题的某种预期目标，采用一定的科学理论、方法和程序，制订若干个可行方案并从中选定最满意方案，实施方案，直至目标实现的过程。科学决策过程的流程图见图1-1。

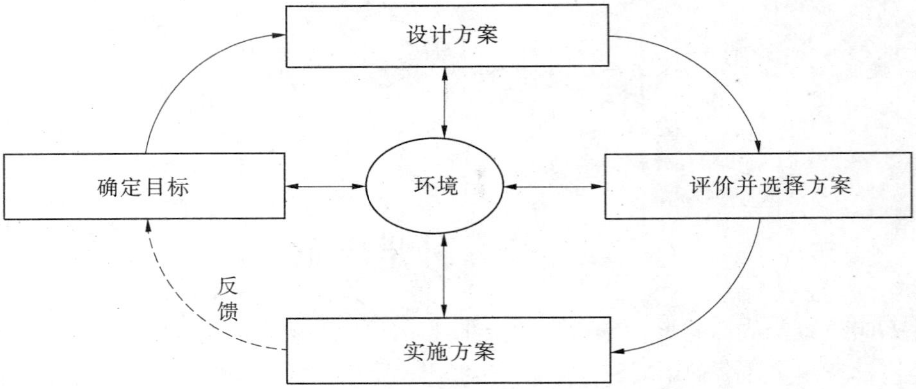

图 1-1 科学决策流程

第二节 决策问题的结构化

从广义上讲,一个完整的决策过程包括确定目标、设计方案、评价方案、实施方案四个阶段,但通常所说的科学决策的研究对象则主要是指前三个阶段,即确定目标、设计方案、评价方案。在决策过程中,根据对决策问题的结构化程度可以将决策问题分为结构化问题、半结构化问题、非结构化问题等结构化程度不同的三类决策问题。所谓结构化程度,是指对某一过程的环境和规律,能否用明确的语言(数学的或逻辑的,形式的或非形式的,定量的或推理的)给予清晰的说明或描述。如果能描述清楚的,称为结构化问题;不能描述清楚而只能凭直觉或经验作出判断的,称为非结构化问题;介于两者之间的,则称为半结构化问题。

每一类决策问题,从管理层次上又可以分为三个层次,即战略规划、运筹管理、作业调度。

在科学决策过程中,尤其是在设计方案和评价方案过程中,要针对特定的决策问题采用科学的方法进行大量的分析、计算。对不同结构、不同层次的决策问题,其辅助或者支持决策的技术、方法也有其特点。表 1-1 举例反映了各层次不同类型的决策问题所需要的决策支持技术。

从表 1-1 中可以看出,半结构化的决策问题仅仅依靠简单的电子数据处理(Electronic Data Processing,简称 EDP)、管理信息系统(Management Information System,简称 MIS)、运筹(Operations Research,简称 OR)模型等辅助决策系统已经不够,需要相对复杂的集数据库及其管理系统、模型库及其管理系统、知识库及其管理系统等于一体的决策支持系统(Decision Support System,简称 DSS)。

本书以科学决策的决策支持技术为主线,分别介绍和讨论数据库技术、模型库技术及决策支持系统技术。决策支持系统以模型库系统为主要特征,在模型库中承担重要角色的是以最优化分析为特征的运筹模型,所以运筹模型及方法在本书中占据了主要篇幅。目前,运筹模型及方法已经成为一个分支众多、应用广泛而有效的决策工具。为突出实用并限于编者的能力，本书只介绍和讨论几种成熟、常用的运筹模型及方法。

表 1-1　各层次不同类型决策问题所需要的决策支持技术

决策类型	管理层次			决策支持技术
	作业调度（战术级）	运筹管理（战役级）	战略规划（战略级）	
结构化	零件定货	线性规划 最短路问题	设厂位置选择	办事员 EDP，MIS，OR
半结构化	股票交易	开发市场 作战模拟	资本获利分析 区域规划	DSS
非结构化	主页设计	选聘管理人	研究和开发分析	经验和直觉

第二章　线性规划模型

在第一章中我们已对决策问题的结构化进行了简要分析。对于结构化的决策问题，我们可以通过抽象、归纳等方法将系统的结构和本质特征用一定的表现形式明确地描述出来，即可以用模型表示或称为模型化。由于运筹学讨论的对象是决策的最优化问题，所以本书主要介绍常用的最优化方法模型，它们包括线性规划模型、动态规划模型、对策论模型、决策分析模型以及网络规划模型等。其中线性规划模型(Linear Program Model，简称 LP)是形成最早、最为成熟的最优化方法模型，到目前为止，它的应用最为广泛，同时它也是其他最优化模型求解的一个基础，所以讨论运筹学的最优化模型自然从线性规划模型开始。

苏联数学家康托洛维奇(L. V. Kantorovich)被认为是线性规划的最早创始人，早在1939 年，他就提出了解决下料问题和运输问题这两类典型的线性规划问题的数学方法，并撰写了《生产组织与计划的数学方法》一书。但直到 1947 年，美国数学家丹契克(G. B. Dantig)提出了求解线性规划的单纯形法之后，这门学科才得以在理论上趋于成熟并在应用上获得极大成功。

自 20 世纪 50 年代起，很多学者对线性规划的最优性理论及算法进行了深入的研究并提出了与单纯形法有关的各种不同的算法，促进了线性规划理论、算法及应用的发展。随着计算机技术的发展和应用，求解大规模的线性规划问题成为可能，线性规划的应用范围越来越广。到目前为止，线性规划仍然是理论上讨论较多、应用较广的最优化方法。

第一节　线性规划的数学模型

一、线性规划模型

下面以 3 个例子来说明线性规划模型。

【例 2-1】 生产规划问题。某工厂在计划期内要安排生产Ⅰ、Ⅱ两种产品，已知生产单位产品所需的设备台时及 A、B 两种原料的消耗，如表 2-1 所示。

表 2-1　设备台时及原料消耗

项目	产品Ⅰ	产品Ⅱ	资源量
设备台时	1	2	8
原料 A	4	0	16
原料 B	0	4	12

该工厂每生产一件产品Ⅰ可获利 2 元，每生产一件产品Ⅱ可获利 3 元，问如何安排生

产使工厂获利最多？

解：设 x_1、x_2 分别表示计划期内生产Ⅰ、Ⅱ两种产品的数量，f 表示利润，则

$$f = 2x_1 + 3x_2$$

其中，x_1、x_2 应满足如下关系

$$\begin{cases} x_1 + 2x_2 \leqslant 8 \\ 4x_1 \leqslant 16 \\ 4x_2 \leqslant 12 \\ x_1, x_2 \geqslant 0 \end{cases}$$

因此，该生产规划问题可归结为如下数学模型

$$\max \quad f = 2x_1 + 3x_2$$

$$\text{s. t.} \begin{cases} x_1 + 2x_2 \leqslant 8 \\ 4x_1 \leqslant 16 \\ 4x_2 \leqslant 12 \\ x_1, x_2 \geqslant 0 \end{cases}$$

【例 2-2】　运输问题。现从两个仓库Ⅰ、Ⅱ运输物资到三个部队，仓库的库存量、各部队的需求量及每吨运费如表 2-2 所示，问应采用哪种方案，可使总运费达到最小？

表 2-2　库存量、需求量及每吨运费

项目		1#部队	2#部队	3#部队	库存量(t)
每吨运费	仓库Ⅰ	2	1	3	50
	仓库Ⅱ	2	2	4	30
需求量(t)		40	15	25	

解：设 x_{ij} 为从 i 号仓库运输到 j 号部队的运输量，f 表示总运费，由图 2-1 得

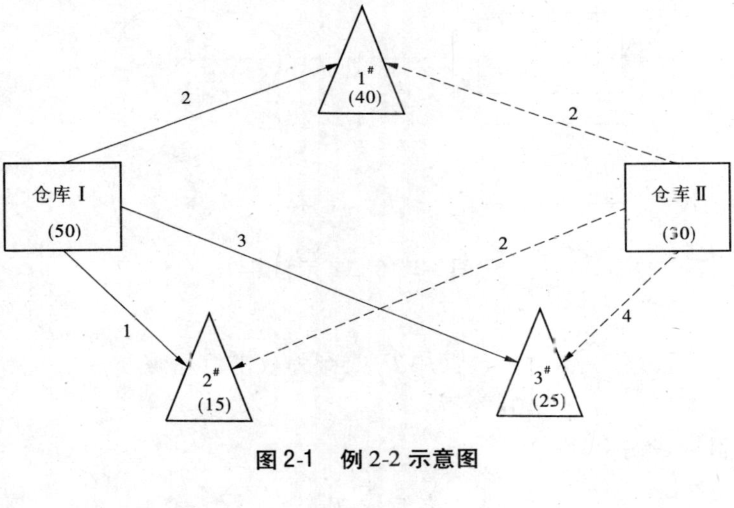

图 2-1　例 2-2 示意图

$$f = 2x_{11} + x_{12} + 3x_{13} + 2x_{21} + 2x_{22} + 4x_{23}$$

其中 $x_{ij}(i=1,2;j=1,2,3)$ 满足如下关系

$$\begin{cases} x_{11} + x_{12} + x_{13} \leqslant 50 \\ x_{21} + x_{22} + x_{23} \leqslant 30 \\ x_{11} + x_{21} = 40 \\ x_{12} + x_{22} = 15 \\ x_{13} + x_{23} = 25 \\ x_{ij} \geqslant 0 \quad (i = 1,2;\ j = 1,2,3) \end{cases}$$

因此,该运输问题可归结为如下数学模型

$$\min \quad f = 2x_{11} + x_{12} + 3x_{13} + 2x_{21} + 2x_{22} + 4x_{23}$$

$$\text{s. t.} \begin{cases} x_{11} + x_{12} + x_{13} \leqslant 50 \\ x_{21} + x_{22} + x_{23} \leqslant 30 \\ x_{11} + x_{21} = 40 \\ x_{12} + x_{22} = 15 \\ x_{13} + x_{23} = 25 \\ x_{ij} \geqslant 0 \quad (i = 1,2;\ j = 1,2,3) \end{cases}$$

【例 2-3】　火力分配问题。假设某部队将 m 种不同类型的导弹 $D_1, D_2, \cdots, D_m$ 对 n 个独立目标 $M_1, M_2, \cdots, M_n$ 进行攻击,D_i 类导弹的数量为 m_i,它对 M_j 类目标的击毁概率为 p_{ij},其示意见图 2-2。现在规定只对各目标发一枚导弹,问应对各目标发射哪种导弹,使总的目标毁伤率最大?

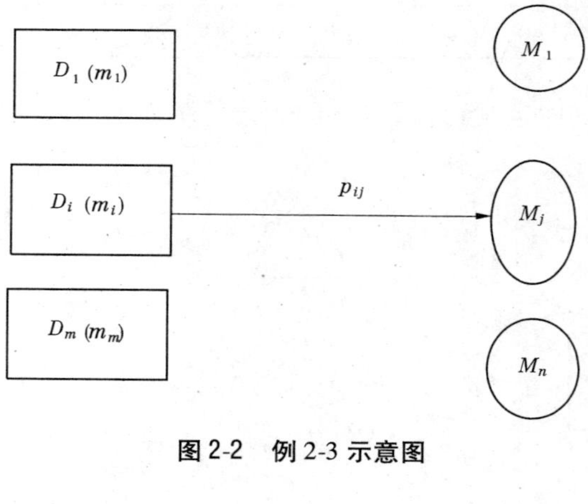

图 2-2　例 2-3 示意图

解:设

$$x_{ij} = \begin{cases} 1 & (\text{使用 } D_i \text{ 类导弹攻击目标 } M_j) \\ 0 & (\text{否}) \end{cases}$$

并设 f 为总的目标毁伤率,则

$$f = \sum_{i,j} p_{ij} x_{ij}$$

其中 $x_{ij}(i=1,2,\cdots,m;j=1,2,\cdots,n)$ 满足如下关系

$$\begin{cases}\sum_{i=1}^{m} x_{ij} = 1 \quad (j = 1,2,\cdots,n) \\ \sum_{j=1}^{n} x_{ij} \leqslant m_i \quad (i = 1,2,\cdots,m) \\ x_{ij} = 0 \text{ 或 } 1 \quad (i = 1,2,\cdots,m;\ j = 1,2,\cdots,n)\end{cases}$$

因此,火力分配问题可归结为如下数学模型

$$\max \quad f = \sum_{i,j} p_{ij}x_{ij}$$

$$\text{s. t.} \begin{cases}\sum_{i=1}^{m} x_{ij} = 1 \quad (j = 1,2,\cdots,n) \\ \sum_{j=1}^{n} x_{ij} \leqslant m_i \quad (i = 1,2,\cdots,m) \\ x_{ij} = 0 \text{ 或 } 1 \quad (i = 1,2,\cdots,m;\ j = 1,2,\cdots,n)\end{cases}$$

从上述三个问题可以看出,虽然反映的实际情况不同,但它们的数学模型却具有相同的数学形式,即表示约束条件的是决策变量的线性等式或线性不等式,目标函数是决策变量的线性函数。称这种形式的数学模型为线性规划模型,对应的问题称为线性规划问题。由此,我们可以写出线性规划模型的一般式为

$$\text{目标函数} \quad \max(\min) \quad f = c_1x_1 + c_2x_2 + \cdots + c_nx_n$$

$$\text{约束条件} \quad \text{s. t.} \begin{cases}a_{11}x_1 + a_{12}x_2 + \cdots + a_{1n}x_n = (\leqslant, \geqslant) b_1 \\ a_{21}x_1 + a_{22}x_2 + \cdots + a_{2n}x_n = (\leqslant, \geqslant) b_2 \\ \cdots \\ a_{m1}x_1 + a_{m2}x_2 + \cdots + a_{mn}x_n = (\leqslant, \geqslant) b_m \\ x_j \geqslant 0 \quad (j = 1,2,\cdots,n)\end{cases}$$

二、线性规划模型的标准型

(一)基本概念

为了深入讨论线性规划模型的求解问题,规定下面的线性规划模型为线性规划的标准型

$$\min \quad f = c_1x_1 + c_2x_2 + \cdots + c_nx_n$$

$$\text{s. t.} \begin{cases}a_{11}x_1 + a_{12}x_2 + \cdots + a_{1n}x_n = b_1 \\ a_{21}x_1 + a_{22}x_2 + \cdots + a_{2n}x_n = b_2 \\ \cdots \\ a_{m1}x_1 + a_{m2}x_2 + \cdots + a_{mn}x_n = b_m \\ x_j \geqslant 0, b_i \geqslant 0 \quad (j = 1,2,\cdots,n; i = 1,2,\cdots,m)\end{cases}$$

用矩阵表示为

$$\min \quad f = c^{\mathrm{T}}x$$

$$\text{s. t.}\quad \begin{cases} \boldsymbol{A}x = b \\ x \geqslant 0, b \geqslant 0 \end{cases}$$

其中 $c^{\mathrm{T}}x$——目标函数；

c——价值向量，$c=(c_1,c_2,\cdots,c_n)^{\mathrm{T}}$；

b——限定向量，$b=(b_1,b_2,\cdots,b_m)^{\mathrm{T}}$；

x——决策变量，$x=(x_1,x_2,\cdots,x_n)^{\mathrm{T}}$；

$\boldsymbol{A}$——约束条件的系数矩阵，$\boldsymbol{A}=\begin{pmatrix} a_{11} & a_{12} & \cdots & a_{1n} \\ a_{21} & a_{22} & \cdots & a_{2n} \\ \vdots & \vdots & & \vdots \\ a_{m1} & a_{m2} & \cdots & a_{mn} \end{pmatrix}$。

- 可行解：每一个满足约束条件的决策变量称为线性规划模型的可行解；
- 可行解集：所有可行解构成的集合称为线性规划模型的可行解集（记为 D）；
- 最优解：若 $\exists x^* \in D$，使得对 $\forall x \in D$，有 $f(x^*) \leqslant f(x)$，则称 x^* 为线性规划的最优解，简称解。

（二）非标准型转化为标准型

（1）若目标函数要求最大，即

$$\max \quad z = c^{\mathrm{T}}x$$

令 $f=-z$，则目标函数可以转化为相应的标准型

$$\min \quad f = c^{\mathrm{T}}x$$

（2）若约束条件为

$$\sum_{j=1}^{n} a_{ij}x_j \leqslant b_i$$

引入"剩余变量"$y_i \geqslant 0$，可将其化为标准型

$$\begin{cases} \sum_{j=1}^{n} a_{ij}x_j + y_i = b_i \\ y_i \geqslant 0 \end{cases}$$

（3）若约束条件为

$$\sum_{j=1}^{n} a_{ij}x_j \geqslant b_i$$

引入"松弛变量"$y_i \geqslant 0$，可将其化为标准型

$$\begin{cases} \sum_{j=1}^{n} a_{ij}x_j - y_i = b_i \\ y_i \geqslant 0 \end{cases}$$

（4）若决策变量 x_j 为自由变量（没有非负限制），则令 $x_j = y_{j1} - y_{j2}$，其中 y_{j1}、y_{j2} 为非负变量，并将其代入目标函数和约束条件即化为标准型。

三、两个变量的线性规划模型的图解法

两个变量的线性规划模型的可行解集可以通过直角坐标系表示出来，它是平面上的

一个区域,因此我们可以用图解法来分析求解。更重要的是图解法简单直观,有助于理解线性规划模型解的基本概念和定理。

(一)图解法步骤

图解法的步骤如下:

第一步:在直角坐标系中分别作出各约束条件,求出可行域。

第二步:作出一条目标函数等值线,并确定目标函数值的增、减方向。

第三步:沿函数值的增、减方向移动目标函数等值线,从而确定出最小(大)值。

(二)举例分析

【例 2-4】 求解 LP

$$\min \quad f = -x_1 + x_2$$

$$\text{s. t.} \begin{cases} -2x_1 + x_2 \leqslant 2 \\ x_1 - 2x_2 \leqslant 2 \\ x_1 + x_2 \leqslant 5 \\ x_j \geqslant 0 \quad (j = 1,2) \end{cases}$$

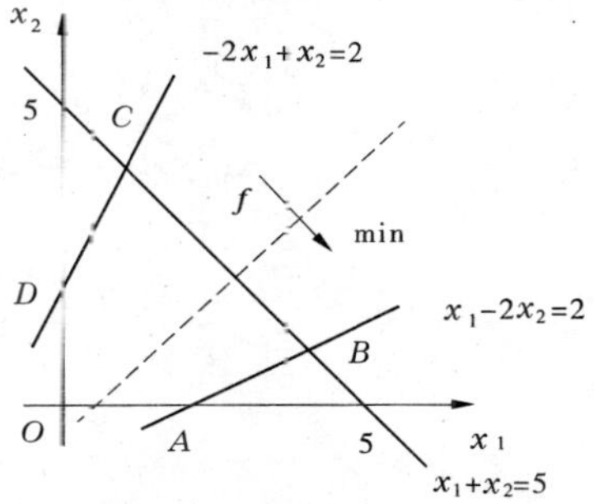

图 2-3　例 2-4 示意图

解:由目标函数和各约束条件,作图如图 2-3 所示。

目标函数 f 在 $B(4,1)$ 点取得极小值 $f(4,1) = -3$。

【例 2-5】 求解 LP

$$\max \quad f = -x_1 - 2x_2$$

$$\text{s. t.} \begin{cases} x_1 + x_2 \geqslant 1 \\ x_1 - 3x_2 \geqslant -3 \\ x_j \geqslant 0 \quad (j = 1,2) \end{cases}$$

解:由目标函数和各约束条件,作图如图 2-4 所示。

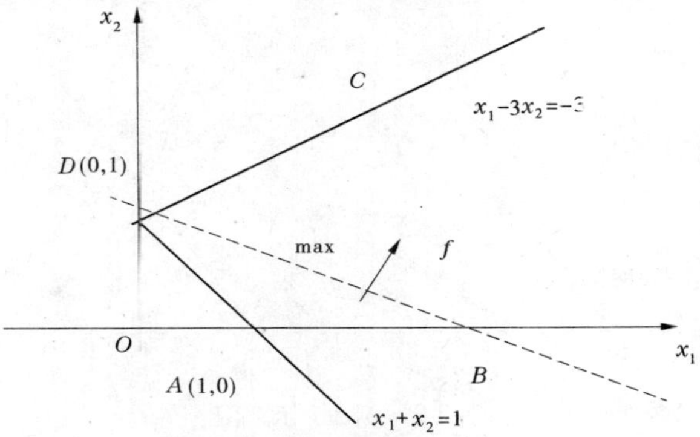

图 2-4　例 2-5 示意图

目标函数 f 在 $A(1,0)$ 点取得最大值 $f(1,0) = -1$。

【例 2-6】 求解 LP

$$\max \quad f = 3x_1 + x_2$$

$$\text{s.t.}\begin{cases}x_1+x_2\leq 5\\ -x_1+x_2\leq 0\\ 6x_1+2x_2\leq 21\\ x_j\geq 0\quad (j=1,2)\end{cases}$$

解:由目标函数和各约束条件,作图如图 2-5 所示。

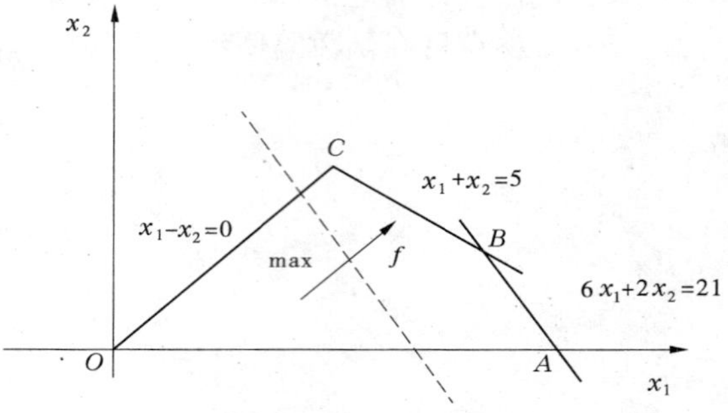

图 2-5　例 2-6 示意图

目标函数 f 有多个最大值,且 $\max f=f(\frac{21}{6},0)=f(\frac{11}{4},\frac{9}{4})=\frac{21}{4}$。

【例 2-7】　求解 LP

$$\min\quad f=-x_1+x_2$$

$$\text{s.t.}\begin{cases}x_1+x_2\leq 4\\ x_1-x_2\geq 5\\ x_j\geq 0\quad (j=1,2)\end{cases}$$

解:由目标函数和各约束条件,作图如图 2-6 所示。

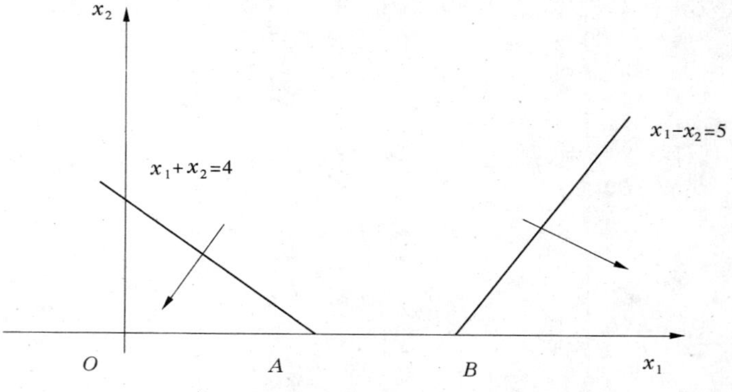

图 2-6　例 2-7 示意图

由图 2-6 可知,此 LP 无可行解,当然也无最优解。

(三)图解法的直观结论

(1)解的情况:①有唯一最优解。②有多重最优解。③无有界解。④无可行解。

(2)最优解可在可行域的某个顶点上达到。

通过上述图解法,直观上可以看出,线性规划模型若有最优解,则可以在可行域的某个顶点达到。后面我们将证明,这一直观结论对多个决策变量的线性规划模型仍然成立。

第二节　线性规划问题解的性质

对于两个变量的线性规划问题,利用图解法求解时已经得到一些直观的结论,即线性规划模型若有最优解,则可以在可行域的某个顶点达到。这一直观结论对多个决策变量的线性规划模型仍然成立,并可以归结为下述线性规划的重要性质,同时,这几个重要性质也被称为线性规划基本定理。

一、几个概念

(一)凸集

若连接 n 维点集 S 中的任意两点 x_1、x_2 的线段仍在 S 内,则称 S 为凸集。即对 $\forall x_1$、$x_2 \in S$,有 $\lambda x_1 + (1-\lambda)x_2 \in S \quad (0 \leqslant \lambda \leqslant 1)$,则称 S 为凸集。

凸集和非凸集如图 2-7 所示。

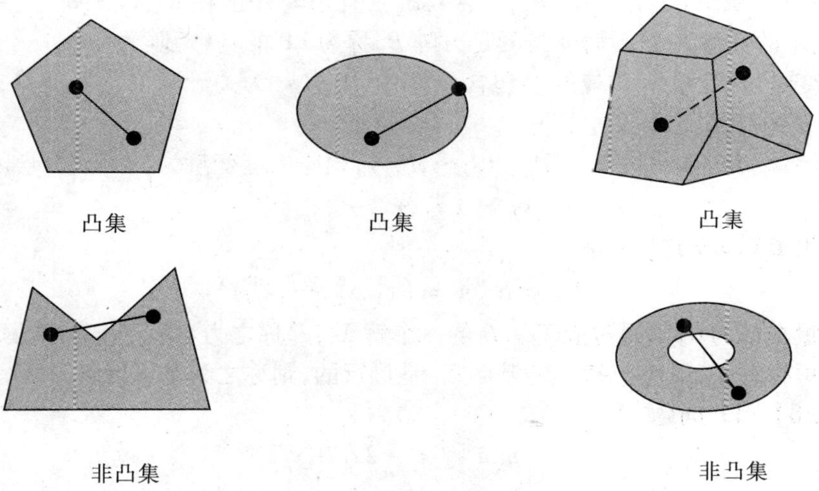

图 2-7　凸集和非凸集

(二)极点

若凸集 S 中的点 x 不能成为 S 中任何线段的内点,则称 x 为 S 的极点。即对 $\forall x_1$、$x_2 \in S$,不存在 $\lambda(0 \leqslant \lambda \leqslant 1)$,使 $x = \lambda x_1 + (1-\lambda)x_2$,则称 x 为 S 的极点,如图 2-8 所示。

(三)基可行解

设 LP

$$\min \quad f = c^{\mathrm{T}} - x$$
$$\text{s. t.} \quad \begin{cases} \boldsymbol{A}x = b \\ x \geqslant 0 \end{cases} \tag{2-1}$$

其中

$$c = (c_1, c_2, \cdots, c_n)^{\mathrm{T}}$$

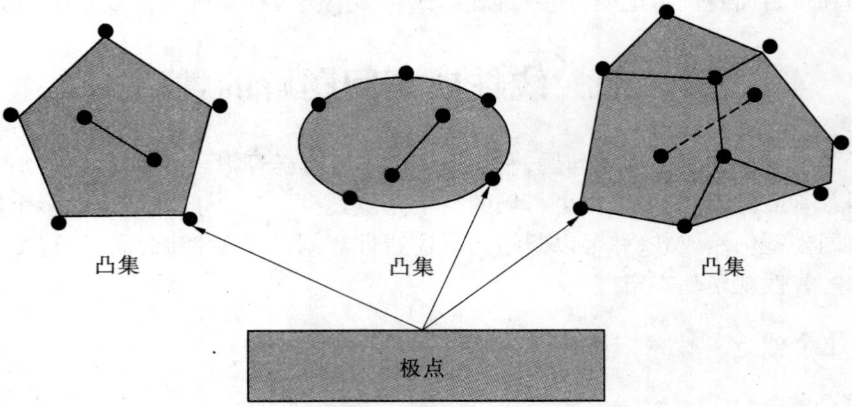

图 2-8　凸集中的极点

$$b = (b_1, b_2, \cdots, b_m)^{\mathrm{T}}$$

$$x = (x_1, x_2, \cdots, x_n)^{\mathrm{T}}$$

$$\boldsymbol{A} = (a_{ij})_{m\times n} = (P_1, P_2, \cdots, P_n)\text{，且矩阵 }\boldsymbol{A}\text{ 的秩 }R(\boldsymbol{A}) = m$$

● 基：$\boldsymbol{A}$ 的任意一个 m 阶非奇异子方阵 B，称为 LP 的基（矩阵）。

● 基变量：若变量 x_j 对应的 P 包含在 $\boldsymbol{B}$ 中，则称 x_j 为关于基 B 的基变量；反之，称 x_j 为关于基 $\boldsymbol{B}$ 的非基变量。

● 基解：设 LP 有一基 $\boldsymbol{B} = (P_{j1}, P_{j2}, \cdots, P_{jm})$，相应的基变量为

$$X_B = (x_{j1}, x_{j2}, \cdots, x_{jm})^{\mathrm{T}}$$

方程组 $\boldsymbol{B}X_B = b$ 有唯一解

$$X_B = \boldsymbol{B}^{-1}b = (x_{j1}^0, x_{j2}^0, \cdots, x_{jm}^0)^{\mathrm{T}}$$

令非基变量全部为 0，则得对应于基 B 的一个解 X^0，并称之为对应于 B 的基解。

● 基可行解：若对应于基 B 的基解 X^0 是可行的，则称之为基可行解，$\boldsymbol{B}$ 称为可行基。

【例 2-8】　LP 问题

$$\min \quad f = -2x_1 - x_2$$

$$\text{s. t.} \begin{cases} x_1 + x_2 \leqslant 5 \\ -x_1 + x_2 \leqslant 0 \\ 6x_1 + 2x_2 \leqslant 21 \\ x_1, x_2 \geqslant 0 \end{cases}$$

求其基解。

解：将其化为标准型

$$\min \quad f = -2x_1 - x_2$$

$$\text{s. t.} \begin{cases} x_1 + x_2 + x_3 = 5 \\ -x_1 + x_2 + x_4 = 0 \\ 6x_1 + 2x_2 + x_5 = 21 \\ x_1, x_2, x_3, x_4, x_5 \geqslant 0 \end{cases}$$

显然

$$B = (P_3, P_4, P_5) = \begin{pmatrix} 1 & 0 & 0 \\ 0 & 1 & 0 \\ 0 & 0 & 1 \end{pmatrix}$$

为一个基，x_3, x_4, x_5 为对应的基变量，x_1, x_2 为对应的非基变量。

令 $x_1 = 0, x_2 = 0$，得对应的基解为 $X^0 = (x_1^0, x_2^0, x_3^0, x_4^0, x_5^0)^T = (0,0,5,0,21)^T$，显然它又是一个基可行解。

二、线性规划问题的性质

借助于上述概念，将前面利用图解法求解 LP 时得到的结论推广到一般情况得到 LP 的下列重要性质。

定理 1　线性规划问题的可行解集为凸集，即连接线性规划问题任意两个可行解的线段上的点仍然是可行解。

证：设线性规划问题(2-1)的可行解集为

$$D = \{x \mid \boldsymbol{A}x = b, x \geqslant 0\}$$

对 $\forall x^{(1)}$、$x^{(2)} \in D, x^{(1)} \neq x^{(2)}$，因为

$$x^{(1)}, x^{(2)} \geqslant 0$$

所以有

$$x = \lambda x^{(1)} + (1-\lambda)x^{(2)} \geqslant 0 \quad (0 \leqslant \lambda \leqslant 1)$$

因为

$$\boldsymbol{A}x = \boldsymbol{A}[\lambda x^{(1)} + (1-\lambda)x^{(2)}]$$

$$\lambda \boldsymbol{A}x^{(1)} + (1-\lambda)\boldsymbol{A}x^{(2)} = \lambda b + (1-\lambda)b = b$$

所以有

$$x = \lambda x^{(1)} + (1-\lambda)x^{(2)} \in D \quad (0 \leqslant \lambda \leqslant 1)$$

所以，线性规划的可行解集为凸集，证毕。

定理 2　线性规划问题可行解 x 是基可行解的充分必要条件为：x 中正分量对应的系数列向量线性无关。

证：设 $x = (x_1, x_2, \cdots, x_n)^T$ 是线性规划问题(2-1)的一个可行解。

必要性：若可行解 $x = (x_1, x_2, \cdots, x_n)^T$ 是基可行解。不失一般性，设 $x_1, x_2, \cdots, x_m$ 为基变量，即 $\boldsymbol{P} = (p_1, p_2, \cdots, p_m)$ 为一个基矩阵。设 $x_1, x_2, \cdots, x_m$ 中正分量个数为 k 个($k \leqslant m$)，设其对应的系数列向量为 $p_1, p_2, \cdots, p_k$，显然有

$$\{p_1, p_2, \cdots, p_k\} \subseteq \{p_1, p_2, \cdots, p_m\}$$

因为 $p_1, p_2, \cdots, p_m$ 线性无关，所以 $p_1, p_2, \cdots, p_k$ 也线性无关。

充分性：设 $x = (x_1, x_2, \cdots, x_k, 0, 0, \cdots, 0)^T$ 为线性规划问题(2-1)的一个可行解。其中正分量 $x_1, x_2, \cdots, x_k$ 对应的系数列向量线性无关，因为 $R(\boldsymbol{A}) = m$，所以 $k \leqslant m$。

(1)若 $k = m$，则 $\boldsymbol{P} = (p_1, p_2, \cdots, p_k)$ 为一个基矩阵，所以 $x = (x_1, x_2, \cdots, x_k, 0, 0, \cdots, 0)^T$ 为一个基可行解。

(2)若 $k < m$，因 $R(\boldsymbol{A}) = R(p_1, p_2, \cdots, p_k, p_{k+1}, \cdots, p_n) = m$，所以必可以从$(n-k)$个列向量中选取$(m-k)$个列向量与 $\boldsymbol{P}$ 合起来线性无关，即$(p_1, p_2, \cdots, p_k, p_{k+1}, \cdots, p_m)$可以构成一个基矩阵，且与其对应的变量为 $x_i > 0 (i = 1, 2, \cdots, k)$，$x_j = 0 (j = k+1, k+2, \cdots, n)$，其余非基变量仍然为 0。因此，$x = (x_1, x_2, \cdots, x_k, 0, 0, \cdots, 0)^T$ 是一个基可行解。证毕。

由定理 2 我们可以得到如下进一步的结果。

定理 3　可行解集 D 中的点(解)x 是极点的充分必要条件为 x 是基可行解。

证:充分性:设 $x=(x_1,x_2,\cdots,x_n)^{\mathrm{T}}$ 是线性规划问题(2-1)的一个基可行解。

用反证法。若 x 不是 D 中的极点,则必存在 D 中两个不同点 $x^{(1)}$、$x^{(2)}$ 使

$$x=\lambda x^{(1)}+(1-\lambda)x^{(2)}\quad(0<\lambda<1)$$

记

$$x^{(1)}=(x_1^{(1)},x_2^{(1)},\cdots,x_n^{(1)})^{\mathrm{T}}$$
$$x^{(2)}=(x_1^{(2)},x_2^{(2)},\cdots,x_n^{(2)})^{\mathrm{T}}$$

不妨设 $x_1,x_2,\cdots,x_k$ 为 x 中的正分量,则

$$\begin{pmatrix}x_1\\ \vdots\\ x_k\\ 0\\ \vdots\\ 0\end{pmatrix}=\lambda\begin{pmatrix}x_1^{(1)}\\ \vdots\\ x_k^{(1)}\\ x_{k+1}^{(1)}\\ \vdots\\ x_n^{(1)}\end{pmatrix}+(1-\lambda)\begin{pmatrix}x_1^{(2)}\\ \vdots\\ x_k^{(2)}\\ x_{k+1}^{(2)}\\ \vdots\\ x_n^{(2)}\end{pmatrix}$$

所以有

$$\lambda x_j^{(1)}+(1-\lambda)x_j^{(2)}=0\quad(j=k+1,k+2,\cdots,n)$$

又因为

$$\lambda>0,(1-\lambda)>0,x_j^{(1)}\geqslant 0,x_j^{(2)}\geqslant 0\quad(j=k+1,k+2,\cdots,n)$$

所以有

$$x_j^{(1)}=0,x_j^{(2)}=0\quad(j=k+1,k+2,\cdots,n)$$

而 $x^{(1)}$、$x^{(2)}\in D$,又都是可行解,因而有

$$x_1^{(1)}p_1+x_2^{(1)}p_2+\cdots+x_k^{(1)}p_k=b$$
$$x_1^{(2)}p_1+x_2^{(2)}p_2+\cdots+x_k^{(2)}p_k=b$$

两式相减得

$$(x_1^{(1)}-x_1^{(2)})p_1+(x_2^{(1)}-x_2^{(2)})p_2+\cdots+(x_k^{(1)}-x_k^{(2)})p_k=0$$

因 $x^{(1)}\neq x^{(2)}$,所以至少有一个 $x_j^{(1)}-x_j^{(2)}\neq 0(1\leqslant j\leqslant k)$,即 $p_1,p_2,\cdots,p_k$ 线性相关,由定理 2 知这与 x 为基可行解矛盾。故 x 必是一个极点。

必要性:设 $x=(x_1,x_2,\cdots,x_n)^{\mathrm{T}}$ 是 D 中的一个极点。

用反证法。若 x 不是线性规划问题(2-1)的一个基可行解,由定理 2 知 x 中的正分量对应的列向量必线性相关。即不妨设

$$x=(x_1,x_2,\cdots,x_k,0,\cdots,0)\quad(x_j>0,1\leqslant j\leqslant k)$$

则必存在一组不全为 0 的数 $\delta_1,\delta_2,\cdots,\delta_k$ 使

$$\delta_1p_1+\delta_2p_2+\cdots+\delta_kp_k=0$$

又因为 x 是一个可行解,所以有

$$x_1p_1+x_2p_2+\cdots+x_kp_k=b$$

显然

$$\lambda(\delta_1 p_1 + \delta_2 p_2 + \cdots + \delta_k p_k) = 0$$

两式相减、相加得

$$(x_1 - \lambda\delta_1)p_1 + (x_2 - \lambda\delta_2)p_2 + \cdots + (x_k - \lambda\delta_k)p_k = b$$
$$(x_1 + \lambda\delta_1)p_1 + (x_2 + \lambda\delta_2)p_2 + \cdots + (x_k + \lambda\delta_k)p_k = b$$

若取

$$\lambda = \min_{\substack{\delta_j \neq 0 \\ j=1,2,\cdots,k}} \left\{ \frac{x_j}{|\delta_j|} \right\} > 0$$

则 $x_j - \lambda\delta_j \geqslant 0, x_j - \lambda\delta_j \geqslant 0$，令

$$x^{(1)} = (x_1 - \lambda\delta_1, x_2 - \lambda\delta_2, \cdots, x_k - \lambda\delta_k)$$
$$x^{(2)} = (x_1 + \lambda\delta_1, x_2 + \lambda\delta_2, \cdots, x_k + \lambda\delta_k)$$

显然，$x^{(1)}$、$x^{(2)}$ 为可行解。而 $x = \frac{1}{2}x^{(1)} + \frac{1}{2}x^{(2)}$，与 x 为 D 中的一个极点矛盾。故 x 必为线性规划问题(2-1)的一个基可行解。证毕。

定理 4　最优解可以在极点上达到。

证：设 $x^{(0)}$ 为最优解，最优值

$$f(x^{(0)}) = c^{\mathrm{T}}x^{(0)}$$

若 $x^{(0)} = 0$，此时 $x^{(0)}$ 已是极点，故定理成立。

若 $x^{(0)} \neq 0$，其中正分量的个数为 k 个，且不是极点，由定理 3 知，由 $x^{(0)}$ 可以构造下面两个可行解

$$y^{(1)} = (x_1 - \lambda\delta_1, x_2 - \lambda\delta_2, \cdots, x_k - \lambda\delta_k)$$
$$y^{(2)} = (x_1 + \lambda\delta_1, x_2 + \lambda\delta_2, \cdots, x_k + \lambda\delta_k)$$

由于

$$\lambda = \min_{\substack{\delta_j \neq 0 \\ j=1,2,\cdots,k}} \left\{ \frac{x_j}{|\delta_j|} \right\} > 0$$

$y^{(1)}$、$y^{(2)}$ 中至少有一个非零分量的个数比 $x^{(0)}$ 中非零分量的个数少一个，并且

$$f(y^{(1)}) = c^{\mathrm{T}}x^{(1)} = \sum_{j=1}^{n} c_j x_j^{(1)} = \sum_{j=1}^{k} c_j x_j^{(1)} = c^{\mathrm{T}}x^{(0)} - \lambda \sum_{j=1}^{k} c_j \delta_j$$
$$f(y^{(2)}) = c^{\mathrm{T}}x^{(2)} = \sum_{j=1}^{n} c_j x_j^{(2)} = \sum_{j=1}^{k} c_j x_j^{(2)} = c^{\mathrm{T}}x^{(0)} + \lambda \sum_{j=1}^{k} c_j \delta_j$$

其中，$\sum_{j=1}^{k} c_j \delta_j = 0$。否则，若 $\sum_{j=1}^{k} c_j \delta_j < 0$，则 $f(x^{(2)}) < f(x^{(0)})$，与 $f(x^{(0)})$ 为最小值矛盾；若 $\sum_{j=1}^{k} c_j \delta_j > 0$，则 $f(x^{(1)}) < f(x^{(0)})$，与 $f(x^{(0)})$ 为最小值矛盾。所以

$$f(x^{(1)}) = f(x^{(2)}) = f(x^{(0)}) = c^{\mathrm{T}}x^{(0)}$$

因此，已知最优解是 $x^{(0)}$，若 $x^{(0)}$ 不是基可行最优解，总可以构造出另外一个最优解 $x^{(1)}$($y^{(1)}$ 或 $y^{(2)}$)，其非零分量个数至少比 $x^{(0)}$ 的非零分量个数少一个，重复上述步骤下去，可以得到最优解 $x^{(2)}, x^{(3)}, \cdots$，其非零分量个数每次至少减少一个，这样进行到某个步骤，一定可以得到最优解 $x^{(*)}$ 满足：$x^{(*)} = 0$ 或者 $x^{(*)} \neq 0$，但其非零分量对应的列向量线

性无关，这时 $x^{(*)}$ 为极点。证毕。

由此，我们可以得出，如果线性规划有最优解，只需从有限个（$\leqslant C_n^m$）极点（基可行解）中去找即可。

另外，如果再有一种算法能够使得从一个极点 x^k 得到另一个极点 x^{k+1}，并且目标函数值是下降的，即 $f(x^k) \geqslant f(x^{k+1})$，则该算法即下节要讨论的单纯形算法，其就是所需要的求解线性规划的有效方法。

第三节　单纯形算法

一、线性规划的典式

已知 LP 模型

$$\max \quad f = c^{\mathrm{T}}x$$

$$\text{s. t.} \quad \begin{cases} \boldsymbol{A}x = b \\ x \geqslant 0 \end{cases}$$

其中，$\boldsymbol{A} = (\boldsymbol{B}, N)_{m \times n}, b \geqslant 0, \boldsymbol{B}^{-1}b \geqslant 0, R(\boldsymbol{A}) = R(\boldsymbol{B}) = m$。

其可以化为 LP 的典式

$$\max \quad f = f^{(0)} - \sum_{j=m+1}^{n} \lambda_j x_j$$

$$\text{s. t.} \quad \begin{cases} x_i = \alpha_i - \sum\limits_{j=m+1}^{n} \beta_{ji} x_j \quad (i = 1, 2, \cdots, m) \\ x_j \geqslant 0 \quad (j = 1, 2, \cdots, n) \end{cases}$$

其中

$$\boldsymbol{B}^{-1}b = \begin{pmatrix} \alpha_1 \\ \alpha_2 \\ \vdots \\ \alpha_m \end{pmatrix}$$

$$\boldsymbol{B}^{-1}N = \begin{pmatrix} \beta_{1m+1} & \cdots & \beta_{1n} \\ \vdots & & \vdots \\ \beta_{mm+1} & \cdots & \beta_{mn} \end{pmatrix}$$

$$c_B^{\mathrm{T}\,-1}\boldsymbol{B}N - c_N^{\mathrm{T}} = (\lambda_{m+1}, \lambda_{m+2}, \cdots, \lambda_n)$$

特别地，若 $\boldsymbol{B} = \boldsymbol{E}$，则

$$b = \begin{pmatrix} \alpha_1 \\ \alpha_2 \\ \vdots \\ \alpha_m \end{pmatrix} \quad N = \begin{pmatrix} \beta_{1m+1} & \cdots & \beta_{1n} \\ \vdots & & \vdots \\ \beta_{mm+1} & \cdots & \beta_{mn} \end{pmatrix}$$

$$c_B^{\mathrm{T}}N - c_N^{\mathrm{T}} = (\lambda_{m+1}, \lambda_{m+2}, \cdots, \lambda_n)$$

从 LP 的典式

$$\max \quad f = f^{(0)} - \sum_{j=m+1}^{n} \lambda_j x_j$$

$$\text{s. t.} \begin{cases} x_i = \alpha_i - \sum\limits_{j=m+1}^{n} \beta_{ji} x_j \quad (i = 1,2,\cdots,m) \\ x_j \geqslant 0 \quad (j = 1,2,\cdots,n) \end{cases}$$

可以得到如下直观的结果：

(1)令非基变量 $x_{m+j}=0(j=1,2,\cdots,n-m)$，可以直接得到基变量 $x_i=\alpha_i(i=1,2,\cdots,m)$，从而得到 LP 的一个基可行解 $x^{(0)}=(\alpha_1,\alpha_2,\cdots,\alpha_m,0,0,\cdots,0)$。

(2)适当给定 $x_{m+j}=\theta_j\geqslant 0(j=1,2,\cdots,n-m)$，根据上述约束条件可以得到一个可行解 $x=(x_1,x_2,\cdots,x_m,\theta_1,\theta_2,\cdots,\theta_{n-m})$。

另外，针对上述典式，可以根据检验系数 λ_j 确定对应的基可行解是否是最优解，LP 有无最优解，以及有无使目标函数值下降的新的基可行解，并归结为以下三个定理。

二、判定定理

定理 5　若所有的 $\lambda_j\leqslant 0$，则 $x^{(0)}$ 是最优解。

定理 6　若某个 $\lambda_{m+k}>0$，且 $\beta_{im+k}\leqslant 0(i=1,2,\cdots,m)$，则 LP 无最优解。

定理 7　设 $x^{(0)}=(x_1,x_2,\cdots,x_n)$ 为一基可行解，对其典式，如果存在某个 $\lambda_{m+k}<0$，使得：①$\beta_{1m+k},\beta_{2m+k},\cdots,\beta_{mm+k}$ 中至少有一个大于 0，②所有的 $\alpha_i\geqslant 0(i=1,2,\cdots,m)$，则一定存在另一个可行基，它对应的一基可行解的目标函数值比原基可行解的目标函数值小。

为了比较直观地说明上述定理，给出如下单纯形表，见表 2-3。

表 2-3　单纯形表

X_B	C_B	决策变量									α
		x_1	x_2	$\cdots$	x_m	x_{m+1}	$\cdots$	x_{m+k}	$\cdots$	x_n	
x_1	c_1	1	0	$\cdots$	0	β_{1m+1}	$\cdots$	β_{1m+k}	$\cdots$	β_{1n}	α_1
x_2	c_2	0	1	$\cdots$	0	β_{2m+1}	$\cdots$	β_{2m+k}	$\cdots$	β_{2n}	α_2
$\vdots$	$\vdots$	$\vdots$	$\vdots$		$\vdots$	$\vdots$		$\vdots$		$\vdots$	$\vdots$
x_m	c_m	0	0	$\cdots$	1	β_{mm+1}	$\cdots$	β_{mm+k}	$\cdots$	β_{mn}	α_m
λ		0	0	$\cdots$	0	λ_{m+1}	$\cdots$	λ_{m+k}	$\cdots$	λ_n	$f^{(0)}$

这里，$\lambda_j=(c_1,c_2,\cdots,c_m)(\beta_{1m+j},\beta_{2m+j},\cdots,\beta_{mm+j})^{\mathrm{T}}-c_j$。

下面我们结合单纯形表找到另外一个使目标函数值减小的基可行解来说明定理 7 是成立的，同时我们也从中得到求解 LP 的单纯形算法。

为了便于分析和求解，在单纯形表中基矩阵为单位矩阵形式。

因为 $\lambda_{m+k}>0$,根据典式 x_{m+k} 在新的基可行解中应为基变量,即确定 x_{m+k} 为进基变量,对应的系数向量为基矩阵的一列,要通过行变换化为单位向量。为了确保在进行行变换时保持限定向量非负要求,则必须将

$$\min_{\beta_{im+k}>0}\left\{\frac{\alpha_i}{\beta_{im+k}}\right\}=\frac{\alpha_s}{\beta_{sm+k}}=\theta_0$$

对应的第 s 行的 β_{sm+k} 化为 1,进而进行行变换将第 $m+k$ 列化为单位向量,从而构成新的基可行解。在新的基可行解中 x_s 已不再是基变量,而是非基变量,所以在这次变换中称 x_s 为出基变量,见表 2-4。

表 2-4 包含 x_s 的单纯形表

X_B	C_B	决策变量										α	比值
		x_1	…	x_s	…	x_m	x_{m+1}	…	x_{m+k}	…	x_n		
x_1	c_1	1	…	0	…	0	β_{1m+1}	…	β_{1m+k}	…	β_{1n}	α_1	α_1/β_{1m+k}
⋮	⋮	⋮		⋮		⋮	⋮		⋮		⋮	⋮	⋮
x_s	c_s	0	…	1	…	0	β_{sm+1}	…	β_{sm+k}	…	β_{sn}	α_s	α_s/β_{sm+k}
⋮	⋮	⋮		⋮		⋮	⋮		⋮		⋮	⋮	⋮
x_m	c_m	0	…	0	…	1	β_{mm+1}	…	β_{mm+k}	…	β_{mn}	α_m	α_m/β_{mm+k}
λ		0	…	0	…	0	λ_{m+1}	…	λ_{m+k}	…	λ_n	$f^{(0)}$	

根据上述 LP 的典式,这次可行基的对应的基可行解为

$$\begin{cases}x_i^{(1)}=\alpha_i-\beta_{im+k}\theta_0 \quad (i=1,2,\cdots,m)\\ x_{m+k}=\theta_0\\ x_j=0 \quad (j=\{m+1,m+2,\cdots,n\}-\{m+k\})\end{cases}$$

对应的目标函数值

$$f^{(1)}=f^{(0)}-\sum_{j=m+1}^{n}\lambda_j x_j=f^{(0)}-\lambda_{m+k}\theta_0<f^{(0)}$$

三、单纯形算法

上述由一个基可行解推出使目标函数值减小的另一个基可行解的方法称为求解 LP 的单纯形算法。利用单纯形算法求解 LP 的步骤如下。

第一步 找出初始可行基 B,建立单纯形表。

第二步 最优性检验。检验系数 λ_j 有三种情况:

(1)所有的检验系数 $\lambda_j\leqslant 0$,对应的基可行解为最优解。

(2)若有某个检验系数 $\lambda_k>0$,对应的列向量所有分量 $\beta_{ik}\leqslant 0$,则 LP 无最优解。

(3)若有某个检验系数 $\lambda_k>0$,对应的列向量中有正分量,则 B 不是最优基,转入第三步。

第三步 换基迭代。

(1)确定进基变量 x_k。

(2)确定出基变量 x_s

$$\min_{\beta_k>0}\left\{\frac{\alpha_i}{\beta_k}\right\}=\frac{\alpha_s}{\beta_{sk}}$$

(3)以 β_{sk} 为主元在单纯形表中进行行变换(即通过行变换将第 k 列化为第 s 个分量为 1 的单位向量),得到新的可行基和新的基可行解。转第一步。

说明:在迭代过程中,基变量所在的位置并不一定正好在前 m 列,但总可以通过调整将基变量排在前 m 列,因此上述单纯形表具有一般意义。但在实际迭代运算中并不需要这样做,而是直接在单纯形表上迭代运算。

【例 2-9】　求解 LP

$$\max\quad f=2x_1+x_2$$

$$\text{s. t.}\begin{cases}x_1+x_2\leqslant 5\\-x_1+x_2\leqslant 0\\6x_1+2x_2\leqslant 21\\x_1,x_2\geqslant 0\end{cases}$$

解:将其化为标准型

$$\min\quad f=-2x_1-x_2$$

$$\text{s. t.}\begin{cases}x_1+x_2+x_3=5\\-x_1+x_2+x_4=0\\6x_1+2x_2+x_5=21\\x_1,x_2\geqslant 0\end{cases}$$

利用单纯形算法求解过程如下(见表 2-5 ~ 表 2-7):

表 2-5　例 2-9 的单纯形表 1

X_B	C_B	决策变量					α	比值
		$\downarrow x_1$	x_2	x_3	x_4	x_5		
x_3	0	1	1	1	0	0	5	5/1
x_4	0	−1	1	0	1	0	0	
$\leftarrow x_5$	0	6	2	0	0	1	21	21/6
λ		2	1	0	0	0	0	

$$\lambda_1=(0,0,0)(1,-1,6)^{\mathrm{T}}-(-2)=2$$

$$\lambda_2=(0,0,0)(1,1,2)^{\mathrm{T}}-(-1)=1$$

表 2-6　例 2-9 的单纯形表 2

X_B	C_B	决策变量					α	比值
		x_1	$\downarrow x_2$	x_3	x_4	x_5		
$\leftarrow x_3$	0	0	2/3	1	0	−1/6	3/2	9/4
x_4	0	0	4/3	0	1	1/6	21/6	21/8
x_1	−2	1	1/3	0	0	1/6	21/6	21/2
λ		0	1/3	0	0	−1/3	−7	

$$\lambda_2 = (0,0,-2)(2/3,4/3,1/3)^{\mathrm{T}} - (-1) = 1/3$$
$$\lambda_5 = (0,0,-2)(-1/6,1/6,1/6)^{\mathrm{T}} - 0 = -1/3$$

表 2-7　例 2-9 的单纯形表 3

X_B	C_B	决策变量					α	比值
		x_1	x_2	x_3	x_4	x_5		
x_2	−1	0	1	3/2	0	−1/4	9/4	
x_4	0	0	0	−2	1	1/2	1/2	
x_1	−2	1	0	−1/2	0	1/4	11/4	
λ		0	0	−1/2	0	−1/4	31/4	

$$\lambda_3 = (-1,0,-2)(3/2,-2,-1/2)^{\mathrm{T}} - 0 = -1/2$$
$$\lambda_5 = (-1,0,-2)(-1/4,1/2,1/4)^{\mathrm{T}} - 0 = -1/4$$

因所有的检验系数 $\lambda_j \leqslant 0$，所以对应的基可行解为最优解。

最优解为　$x^* = (11/4,9/4,1/2,0)^{\mathrm{T}}$

最优值为　$f = -31/4$

第四节　寻找一个初始可行基的人工变量法

若 LP1

$$\min \quad f = c^{\mathrm{T}}x$$
$$\text{s.t.} \begin{cases} Ax = b \\ x \geqslant 0 \end{cases}$$

其中　$\boldsymbol{A} = (a_{ij})_{m\times n}, R(\boldsymbol{A}) = m$

系数矩阵 $\boldsymbol{A}$ 中不明显包含 m 阶单位矩阵，则不能直接利用单纯形法（表）求解，这时，可以通过引入“人工变量”求解下面的 LP2

$$\min \quad z = y_1 + y_2 + \cdots + y_m$$

$$\text{s. t.}\begin{cases}\boldsymbol{A}x+\boldsymbol{E}y=b\\x,y\geqslant 0\end{cases}$$

其中
$$\boldsymbol{A}=(a_{ij})_{m\times n},R(\boldsymbol{A})=m$$
而得到原 LP1 的一个可行基。

考虑 LP2 的单纯形表,如表 2-8 所示。此时有明显的可行基和可行解,而且 LP2 必有最优解,设通过单纯形法求得最优基 $\boldsymbol{B}$,对应的单纯形表见表 2-9。

表 2-8　LP2 的单纯形表

X_B	C_B	决策变量										b
		x_1	x_2	…	x_m	…	x_n	y_1	y_2	…	y_m	
y_1	1	a_{11}	a_{12}	…	a_{1m}	…	a_{1n}	1	0	…	0	b_1
y_2	1	a_{21}	a_{22}	…	a_{2m}	…	a_{2n}	0	1	…	0	b_2
⋮	⋮	⋮	⋮		⋮		⋮	⋮	⋮		⋮	⋮
y_m	1	a_{m1}	a_{m2}	…	a_{mm}	…	a_{mn}	0	0	…	1	b_m
λ		λ_1	λ_2	…	λ_m	…	λ_n	0	0	…	0	$z^{(0)}$

表 2-9　最优基 $\boldsymbol{B}$ 对应的单纯形表

X_B	C_B	决策变量										b
		x_1	x_2	…	x_m	…	x_n	y_1	y_2	…	y_m	
基变量	基变量系数	b_{11}	b_{12}	…	b_{1m}	…	b_{1n}	b_{1n+1}	b_{1n+2}	…	b_{1n+m}	b_{10}
		b_{21}	b_{22}	…	b_{2m}	…	b_{2n}	b_{2n+1}	b_{2n+2}	…	b_{2n+m}	b_{20}
		⋮	⋮		⋮		⋮	⋮	⋮		⋮	⋮
		b_{m1}	b_{m2}	…	b_{mm}	…	b_{mn}	b_{mn+1}	b_{mn+2}	…	b_{mn+m}	b_{m0}
λ		λ_1	λ_2	…	λ_m	…	λ_n	λ_{n+1}	λ_{n+2}	…	λ_{n+m}	$z^{(*)}$

对于上述单纯形表有以下结论:

(1)若 $z^{(*)}>0$,则问题 LP1 无解。

(2)若 $z^{(*)}=0$,则 LP2 的最优基 $\boldsymbol{B}$ 即为 LP1 的可行基。LP2 关于 $\boldsymbol{B}$ 的可行解可分为三种情况:①若 LP2 的基变量均为非人工变量,此时的基变量即为 LP1 的基变量。②若 LP2 的基变量中含有人工变量 y_k,设在表中为第 p 行,且存在 $b_{pt}\neq 0(t\leqslant n)$,则以 b_{pt} 为主元作行变换(因 $b_k=0$,变换不影响限定向量中的其他分量)使其基变量中不含 y_k。③若 LP2 的基变量中含有人工变量 y_k,设在表中为第 p 行,且对所有的 $t\leqslant n$ 有 $b_{pt}=0$,则第 p 个约束为多余的,删除即可。

此时,LP1 的单纯形表见表 2-10。

表 2-10　LP1 的单纯形表

X_B	C_B	决策变量						b
		x_1	x_2	…	x_m	…	x_n	
基变量	基变量系数	b_{11}	b_{12}	…	b_{1m}	…	b_{1n}	b_{10}
		b_{21}	b_{22}	…	b_{2m}	…	b_{2n}	b_{20}
		⋮	⋮		⋮		⋮	⋮
		b_{m1}	b_{m2}	…	b_{mm}	…	b_{mn}	b_{m0}
λ		λ_1	λ_2	…	λ_m	…	λ_n	$f^{(0)}$

用单纯形法可进一步求解 LP1 的最优解 x^*、最优值 $f(x^*)$。

【例 2-10】　求解 LP

$$\min \quad f = 5x_1 + 21x_2$$

$$\text{s. t.} \begin{cases} x_1 - x_2 + 6x_3 - x_4 = 2 \\ x_1 + x_2 + 2x_3 - x_5 = 1 \\ x_j \geqslant 0 \quad (j = 1,2,3,4,5) \end{cases}$$

解:引入人工变量 x_6、x_7,构造新的 LP 问题

$$\min \quad z = x_6 + x_7$$

$$\text{s. t.} \begin{cases} x_1 - x_2 + 6x_3 - x_4 + x_6 = 2 \\ x_1 + x_2 + 2x_3 - x_5 + x_7 = 1 \\ x_j \geqslant 0 \quad (j = 1,2,3,4,5,6,7) \end{cases}$$

利用单纯形法求解过程如下(见表 2-11 ~ 表 2-13):

表 2-11　例 2-10 的单纯形表 1

X_B	C_B	决策变量							b	比值
		$\downarrow x_1$	x_2	x_3	x_4	x_5	x_6	x_7		
x_6	0	1	−1	6	−1	0	1	0	2	2/1
$\leftarrow x_7$	0	1	1	2	0	−1	0	1	1	1/1
λ_z		2	0	8	−1	−1	0	0	3	
λ_f		−5	0	−21	0	0	0	0	0	

其中,λ_z 和 λ_f 分别是以 z、f 为目标函数对应的检验系数。

至此,LP2 问题的解已经求出,min $z = 0$,并且基中不包含人工变量 x_6、x_7,则可以将 x_6、x_7 所在的列和对应的检验系数行从单纯形表中删除,在新的单纯形表(见表 2-14)上计算 LP1 的最优解。

表 2-12　例 2-10 的单纯形表 2

X_B	C_B	决策变量							b	比值
		x_1	x_2	$\downarrow x_3$	x_4	x_5	x_6	x_7		
$\leftarrow x_6$	0	0	−2	4	−1	1	1	−1	1	1/4
x_1	0	1	1	2	0	−1	0	1	1	1/2
λ_z		0	−2	4	−1	1	0	−2	1	
λ_f		0	5	−11	0	−5	0	5	5	

表 2-13　例 2-10 的单纯形表 3

X_B	C_B	决策变量							b	比值
		x_1	x_2	x_3	x_4	x_5	x_6	x_7		
x_3	0	0	−1/2	1	−1/4	1/4	1/4	−1/4	1/4	
x_1	0	1	2	0	1/2	−3/2	−1/2	3/2	1/2	
λ_z		0	0	0	0	0	−1	−1	0	
λ_f		0	−1/2	0	−11/4	−9/4	11/4	9/4	31/4	

表 2-14　例 2-10 的单纯形表 4

X_B	C_B	决策变量					b	比值
		x_1	x_2	x_3	x_4	x_5		
x_3	21	0	−1/2	1	−1/4	1/4	1/4	
x_1	5	1	2	0	1/2	−3/2	1/2	
λ_f		0	−1/2	0	−11/4	−9/4	31/4	

从表 2-14 中知道，此时，因所有的检验系数 $\lambda_j \leqslant 0$，对应的基可行解为最优解。最优解为 $x^* = (1/2, 0, 1/4, 0, 0)^{\mathrm{T}}$，最优值为 $f = 31/4$。

第五节　对偶线性规划问题

在线性规划问题的研究中，还经常需要讨论对偶问题，即一对密切相关的 LP 问题，这也是后面对策模型求解的一种主要方法。下面我们来讨论对偶 LP 问题。

一、对偶线性规划

下面两个线性规划问题

$$\min \quad f = c_1x_1 + c_2x_2 + \cdots + c_nx_n$$

$$\text{s.t.}\begin{cases} a_{11}x_1 + a_{12}x_2 + \cdots + a_{1n}x_n \geqslant b_1 \\ a_{21}x_1 + a_{22}x_2 + \cdots + a_{2n}x_n \geqslant b_2 \\ \qquad\cdots \\ a_{m1}x_1 + a_{m2}x_2 + \cdots + a_{mn}x_n \geqslant b_m \\ x_j \geqslant 0 \quad (j = 1,2,\cdots,n) \end{cases} \qquad (\text{Ⅰ})$$

和

$$\max \quad g = b_1y_1 + b_2y_2 + \cdots + b_my_m$$

$$\text{s.t.}\begin{cases} a_{11}y_1 + a_{21}y_2 + \cdots + a_{m1}y_m \leqslant c_1 \\ a_{12}y_1 + a_{22}y_2 + \cdots + a_{m2}y_m \leqslant c_2 \\ \qquad\cdots \\ a_{1n}y_1 + a_{2n}y_2 + \cdots + a_{mn}y_m \leqslant c_n \\ y_i \geqslant 0 \quad (i = 1,2,\cdots,m) \end{cases} \qquad (\text{Ⅱ})$$

称为互为对偶的线性规划问题。

若用矩阵表示，则一对对偶线性规划问题分别为：

$$\min \quad f = c^{\mathrm{T}}x$$

$$\text{s.t.}\begin{cases} \boldsymbol{A}x \geqslant b \\ x \geqslant 0 \end{cases} \qquad (\text{Ⅰ})$$

和

$$\max \quad g = b^{\mathrm{T}}y$$

$$\text{s.t.}\begin{cases} \boldsymbol{A}^{\mathrm{T}}y \leqslant c \\ y \geqslant 0 \end{cases} \qquad (\text{Ⅱ})$$

二、对偶线性规划的几个基本性质

关于对偶 LP(Ⅰ)和(Ⅱ)之间的密切关系可以归结为以下几个定理：

定理 8 如果 LP(Ⅰ)中第 k 个约束条件是等式，那么它的对偶 LP(Ⅱ)中第 k 个变量 y_k 无非负约束，反之亦然。

定理 9 若 x、y 分别为互为对偶 LP(Ⅰ)和(Ⅱ)的可行解，那么它们对应的目标函数值之间的关系是：$f \geqslant g$。

定理 10 若 x^*、y^* 分别为互为对偶 LP(Ⅰ)和(Ⅱ)的可行解，且

$$c^{\mathrm{T}}x^* = b^{\mathrm{T}}y^*$$

那么，x^*、y^* 分别为互为对偶 LP(Ⅰ)和(Ⅱ)的最优解。

定理 11 若 $\boldsymbol{B}$ 为 LP(Ⅱ)的最优基，则 $y = c^{\mathrm{T}}\boldsymbol{B}^{-1}$ 就是其对偶 LP(Ⅰ)的一个最优解（而 $c^{\mathrm{T}}\boldsymbol{B}^{-1}$ 正好是LP(Ⅰ)标准化后松弛变量的检验系数的相反数）。

由定理 11 可知，若求得 LP(Ⅱ)的解，就可以直接得到 LP(Ⅰ)的解。

第三章　动态规划模型

动态规划(dynamic programming)是运筹学的一个分支,是求解多阶段决策问题(multistep decision problem)的最优化方法。20 世纪 50 年代初美国数学家 R. E. Bellman 等在研究多阶段决策问题的最优化时,提出了著名的最优性原理(principle of decision optimality),把多阶段决策问题转化为一系列单阶段决策问题,逐个求解,创立了解决这类过程优化问题的新方法——动态规划。Bellman 在 1957 年出版了《Dynamic programming》一书,是动态规划领域中第一本著作。

动态规划在经济管理、工程技术、工农业生产及军事部门中都有着广泛的应用,并且获得了显著的效果。例如最短路线、资源分配、库存管理、生产调度、排序、装载等问题,用动态规划方法比用其他方法求解更为方便。

动态规划主要用于求解以时间(或空间)参数划分阶段的动态过程的优化问题。根据多阶段决策过程的时间(或空间)参数是离散的还是连续的,以及决策过程的演变(决策后的结果)是确定的还是随机的,可以将动态规划模型分为四种类型,如图 3-1 所示。

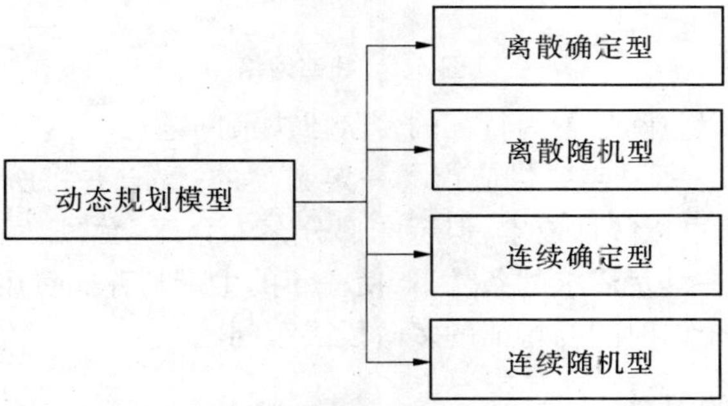

图 3-1　动态规划模型分类

本章我们主要讨论离散确定型。

第一节　多阶段决策问题

一、多阶段决策问题

动态规划是目前解决多阶段决策问题的基本方法之一。所谓多阶段决策问题是这样的一类决策问题:由问题的特性可将过程按时间、空间等标志分为若干个互相联系又相互区别的阶段,在它的每一阶段都需要作出决策,从而使整个过程达到最好的效果。

因此,多阶段决策问题的各个阶段决策的选取不是任意确定的,它依赖于当前面临的状态,又影响以后的发展。当各个阶段决策确定后,就组成了一个决策序列,这样一个前后关联具有链状结构的多阶段过程称为多阶段决策过程,又称为序贯决策过程(如图 3-2

所示),这种问题就称为多阶段决策问题。

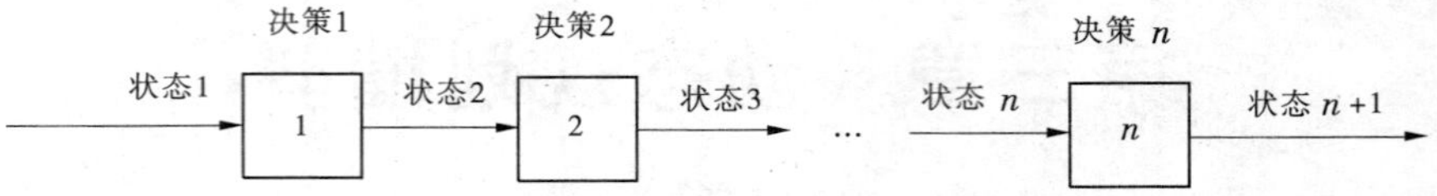

图 3-2　多阶段决策过程

【例 3-1】　给定一个线路网络(如图 3-3 所示),两点之间连线上数字表示两点的距离(或费用),求一条由 A 点到 E 点的铺管线路,使总长度最小(或费用最小)。

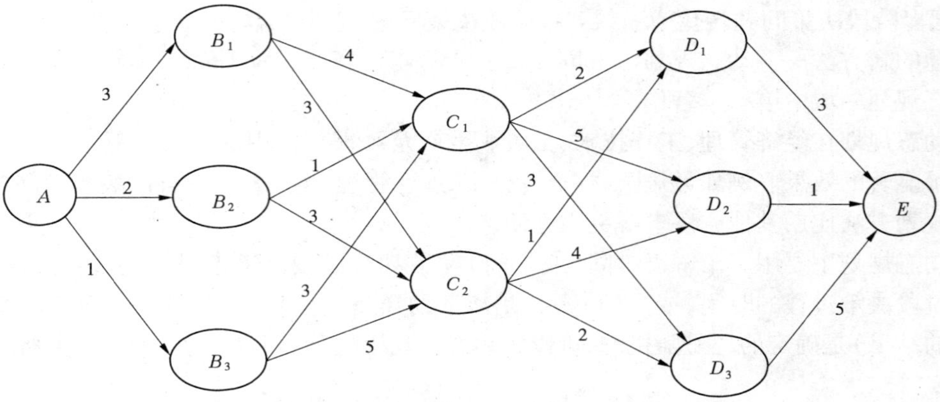

图 3-3　线路网络

显然,这是一个以空间位置为特征的多阶段决策问题。

【例 3-2】　某工厂每月需要供应市场一定数量的产品,并将所余产品存入仓库。一般某月适当增加产量可以降低成本,但超产部分存入仓库会增加库存费用。要求确定一个逐月的生产计划,在满足需求的条件下,使一年的生产与存储费用之和最小。

显然,这也是一个以时间为特征的多阶段决策问题。

二、动态规划的基本概念

求解上述多阶段决策问题的一个有效方法就是动态规划方法,要将多阶段决策问题写成动态规划模型,此时需要用到动态规划的基本概念。动态规划用来描述多阶段决策问题的基本概念有:①阶段,②状态,③决策与策略,④状态转移,⑤指标函数。

下面以例 3-1 为例介绍这些基本概念。

(1)阶段与阶段变量:为了表示决策的顺序,把问题看做一个过程,把整个过程按一定的顺序(时间顺序或空间顺序)分成若干个阶段,表示阶段的变量称为阶段变量,通常用 k 表示,阶段数记为 N,即 $k=1,2,\cdots,N$。

(2)状态与状态变量:第 k 阶段的状态是指过程在该阶段所处的各种可能的情况,描述过程在第 k 阶段状态的变量称为状态变量,记为 s_k,通常以一个数或一个向量来表示,所有第 k 阶段状态的集合为 S_k,$s_k \in S_k$。

如例 3-1 中,$S_2=\{B_1,B_2,B_3\}$。

(3)决策与决策变量:第 k 阶段的状态为 s_k,第 k 阶段有若干个可选方案,它们组成集

合 X_k,X_k 中每一个元素称为第 k 阶段的一个决策,决策变量记为 x_k,显然 $x_k \in X_k$。

如例 3-1 中,$s_2 = B_2$ 时,$X_2 = \{C_1, C_2\}$(注:这里状态与决策的表示形式一致,但意义不同)。

(4)策略:按顺序排列的决策集合 $\{x_1, x_2, \cdots, x_N\}$ 称为一个策略;而 $\{x_k, x_{k+1}, \cdots, x_N\}$ 称为策略 $\{x_1, x_2, \cdots, x_N\}$ 的一个子策略。

如例 3-1 中 $\{A, B_1, C_2, D_3, E\}$ 为一个策略,而 $\{C_2, D_3, E\}$ 为其子策略。

(5)状态转移方程:第 $k+1$ 阶段的状态变量 s_{k+1} 与第 k 阶段的状态变量 s_k 及决策变量 x_k 之间的关系

$$s_{k+1} = T_k(s_k, x_k)$$

称为状态转移方程。

如例 3-1 中,$s_{k+1} = T_k(s_k, x_k) = x_k$,即 $s_{k+1} = x_k$。

(6)权函数:反映某个阶段中决策的效益函数,称为阶段指标函数、阶段效益函数等,记为

$$w_k = (s_k, x_k)$$

如例 3-1 中,$w_2 = (B_2, C_2) = 3$。

(7)最优性函数(或过程指标函数):

① $f_k(s_k, x_k)$:是定义在 $k \sim N$ 子过程上的函数,它表示从第 k 阶段的 s_k 状态开始,以 x_k 作为本阶段的决策逐步演变到最终点的最优目标值。

如例 3-1 中,$f_3(C_2, D_1) = 4$。

② $f_k^*(s_k)$:是定义在 $k \sim N$ 子过程上的函数,它表示从第 k 阶段的 s_k 状态开始,逐步演变到最终点的最优目标值。

$$f_k^*(s_k) = \underset{x_k \in X_k}{\text{opt}} \{f_k(s_k, x_k)\}$$

如例 3-1 中

$$\begin{aligned} f_3^*(C_2) &= \min\{f_3(C_2, D_1), f_3(C_2, D_2), f_3(C_2, D_3)\} \\ &= \min\{4, 5, 7\} \\ &= 4 \end{aligned}$$

另外,对例 3-1 显然有

$$f_k(s_k, x_k) = w_k(s_k, x_k) + f_{k+1}^*(s_{k+1})$$
$$s_{k+1} = T_k(s_k, x_k)$$

如例 3-1 中

$$f_2(B_1, C_2) = w_2(B_1, C_2) + f_3^*(C_2) = 3 + 4 = 7$$
$$C_2 = T(B_1, C_2)$$

第二节　最优性原理与动态规划的基本方程

一、求解多阶段决策问题的基本思路

上述例 3-1 通常称为最短路问题,这是一个较简单又十分典型的多阶段决策问题。

下面以它为例来说明用动态规划求解多阶段决策问题的特点与思路。

该问题的一种解法是从 A 到 E 的所有可能的管线的长度都计算出来并加以比较，然后选取其中的最短者。这就是所谓的枚举法。由于该问题共有 $3\times2\times3=18$ 条线路，因而计算较麻烦，如果阶段数和中间站数都增加，计算将更加困难。

下面的思路将启发我们有效地解决这一问题。在始点站我们考虑的是这样一个多阶段决策问题："从现在出发应经过哪些站点才能使总管道最短？"当我们在第一站时，考虑的仍是这样一个多阶段决策问题："从现在出发应经过哪些站点才能使总管道最短？"这一问题与前一初始问题内容相同，解决方法也相似，只是后一个问题的出发点是前一个问题单阶段决策后的结果，所以又称后一个问题是前一个问题的子问题。同时可以看出，只要后一个问题能够解决，前一个问题也能解决。类似地，在第二站、第三站我们面临着同样的问题和同样的解决方法，只是问题变得越来越小和越来越好解决了。也就是说，解决该多阶段决策的最短路问题，我们可以从确定最后一个阶段的最短路开始，分阶段逐步递归得到整个过程的最短路。显然，这里计算分析的路径数要少于一般枚举法中计算的路径数。这一分阶段逐步递归得到整体最优化的思路就是动态规划的思想，将其一般化即是所谓的最优性原理。

二、最优性原理

对最优策略来说，无论过去的状态和决策如何，由前面诸决策可能形成的状态出发，相应的剩余决策序列必构成最优子策略。即最优策略的任意子策略是对应的子过程的最优策略。

如例 3-1 中，若 $\{A,B_2,C_1,D_1,E\}$ 为最优策略，$\{B_2,C_1,D_1,E\}$ 必为从 B_2 状态开始，第二、第三、第四阶段的一个最优策略，即为对应的子过程的最优策略。反之，若 $\{B_2,C_2,D_2,E\}$ 为对应的子过程的最优策略，则与 $\{A,B_2,C_1,D_1,E\}$ 为最优策略相矛盾。如图 3-4 所示。

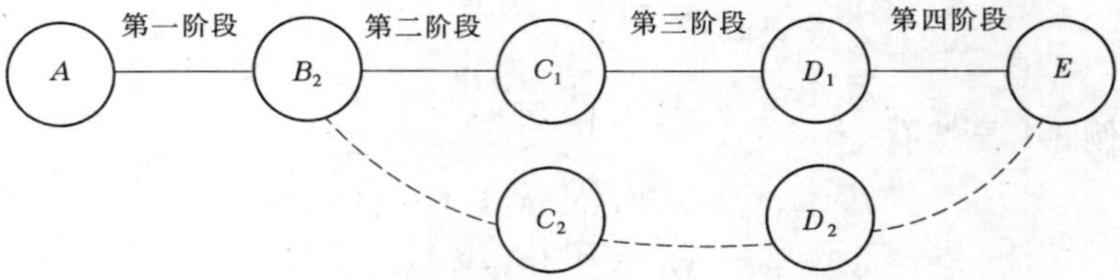

图 3-4 最优性原理

三、动态规划的基本方程

上述最优性原理实际上给出了一个求解动态规划的方法——后向计算法，即从终点（最末阶段）逐步求出各状态的最优子策略，直至求出初始点的最优策略。其数学模型可以归纳为如下称做动态规划基本方程的递归方程。

$$\begin{cases} f_k^*(s_k) = \underset{x_k\in X_k}{\text{opt}}\{f_k(s_k,x_k)\} \quad (k=N,N-1,\cdots,1) \\ f_{N+1}^*(s_{N+1}) = \text{初始条件}(0\text{ 或 }1) \end{cases}$$

其中

$$f_k(s_k,x_k) = f_{k+1}^*(s_{k+1}) + w_k(s_k,x_k)$$

或

$$f_k(s_k,x_k) = f_{k+1}^*(s_{k+1}) \times w_k(s_k,x_k)$$

上述递归计算的阶段的顺序是 $N+1,N,\cdots,1$,所以称这种方法为后向计算法。

这里,s_k 是指 k 阶段的初始状态,$f_k(s_k,x_k)$表示在 s_k 条件下,以 x_k 作为本阶段的决策逐步演变到最终点的最优目标值,$f_k^*(s_k)$表示在 s_k 条件下,从 k 阶段到最终点的最优目标值。

类似地,若递归计算的阶段的顺序是 $1,2,\cdots,N$,则称这种方法为前向计算法,其对应的基本方程为

$$\begin{cases} f_k^*(s_k) = \underset{x_k \in X_k}{\text{opt}} \{f_k(s_k,x_k)\} & (k = 1,2,\cdots,N) \\ s_{k-1} = T_k(s_k,x_k) & (k = 1,2,\cdots,N) \\ f_0^*(s_0) = \text{初始条件}(0\text{ 或 }1) \end{cases}$$

其中

$$f_k(s_k,x_k) = f_{k-1}^*(s_{k-1}) + w_k(s_k,x_k)$$

或

$$f_k(s_k,x_k) = f_0^*(s_{k-1}) \times w_k(s_k,x_k)$$

这里,s_k 是指 k 阶段末的状态,$f_k(s_k,x_k)$表示在 s_k 条件下,以 x_k 作为第 k 阶段的决策时,从第一阶段到第 k 阶段的最优目标值,$f_k^*(s_k)$表示在 s_k 条件下,从第一阶段到第 k 阶段的最优目标值。

第三节　动态规划问题的求解方法

根据动态规划的最优性原理和基本方程,如果一个问题能够用动态规划方法求解,那么,可以按照以下步骤建立起动态规划的数学模型并求解:

(1)划分阶段,确定阶段的状态变量。

(2)确定决策变量、权函数及最优值函数。

(3)建立状态转移方程。

(4)根据动态规划的最优化原理建立基本方程。

(5)根据基本方程的类型(后向算法基本方程、前向算法基本方程)递归求解基本方程。

动态规划模型建立后,对基本方程分段递归求解即可,但是这种分段递归求解并不像线性规划或非线性规划那样有固定的解法。而必须根据具体问题的特点,结合一定的数学技巧灵活求解。其中大体有以下两种方法:①离散变量的分段枚举法;②连续变量的解法。

下面我们结合例 3-1 的求解具体介绍离散变量的分段枚举法。分段枚举法形式又可分为解析法和填表法。

我们利用后向算法求解,对应的基本方程

$$\begin{cases} f_k^*(s_k) = \underset{x_k \in X_k}{\text{opt}} \{f_k(s_k, x_k)\} & (k = 4,3,2,1) \\ f_5^*(E) = 0 \end{cases}$$

其中

$$f_k(s_k, x_k) = f_{k+1}^*(s_{k+1}) + w_k(s_k, x_k)$$

当 $k=4$ 时

$$f_4(D_1, E) = f_4^*(D_1) = f_5^*(E) + w_4(D_1, E) = 3 + 0 = 3$$

$$f_4(D_2, E) = f_4^*(D_2) = f_5^*(E) + w_4(D_2, E) = 1 + 0 = 1$$

$$f_4(D_3, E) = f_4^*(D_3) = f_5^*(E) + w_4(D_3, E) = 5 + 0 = 5$$

当 $k=3$ 时

$$f_3(C_1, D_1) = f_4^*(D_1) + w_3(C_1, D_1) = 3 + 2 = 5$$

$$f_3(C_1, D_2) = f_4^*(D_2) + w_3(C_1, D_2) = 1 + 5 = 6$$

$$f_3(C_1, D_3) = f_4^*(D_3) + w_3(C_1, D_3) = 5 + 3 = 8$$

$$f_3^*(C_1) = \min\{f_3(C_1, D_1), f_3(C_1, D_2), f_3(C_1, D_3)\} = \min\{5,6,8\} = 5$$

$$f_3(C_2, D_1) = f_4^*(D_1) + w_3(C_2, D_1) = 3 + 1 = 4$$

$$f_3(C_2, D_2) = f_4^*(D_2) + w_3(C_2, D_2) = 1 + 4 = 5$$

$$f_3(C_2, D_3) = f_4^*(D_3) + w_3(C_2, D_3) = 5 + 2 = 7$$

$$f_3^*(C_2) = \min\{f_3(C_2, D_1), f_3(C_2, D_2), f_3(C_2, D_3)\} = \min\{4,5,7\} = 4$$

当 $k=2$ 时

$$f_2(B_1, C_1) = f_3^*(C_1) + w_2(B_1, C_1) = 5 + 4 = 9$$

$$f_2(B_1, C_2) = f_3^*(C_2) + w_2(B_1, C_2) = 4 + 3 = 7$$

$$f_2^*(B_1) = \min\{f_2(B_1, C_1), f_2(B_1, C_2)\} = \min\{9,7\} = 7$$

$$f_2(B_2, C_1) = f_3^*(C_1) + w_2(B_2, C_1) = 5 + 1 = 6$$

$$f_2(B_2, C_2) = f_3^*(C_2) + w_2(B_2, C_2) = 4 + 3 = 7$$

$$f_2^*(B_2) = \min\{f_2(B_2, C_1), f_2(B_2, C_2)\} = \min\{6,7\} = 6$$

$$f_2(B_3, C_1) = f_3^*(C_1) + w_2(B_3, C_1) = 5 + 3 = 8$$

$$f_2(B_3, C_2) = f_3^*(C_2) + w_2(B_3, C_2) = 4 + 5 = 9$$

$$f_2^*(B_3) = \min\{f_2(B_3, C_1), f_2(B_3, C_2)\} = \min\{8,9\} = 8$$

当 $k=1$ 时

$$f_1(A, B_1) = f_2^*(B_1) + w_1(A, B_1) = 7 + 3 = 10$$

$$f_2(A, B_2) = f_2^*(B_2) + w_1(A, B_2) = 6 + 2 = 8$$

$$f_1(A, B_3) = f_2^*(B_3) + w_1(A, B_3) = 8 + 1 = 9$$

$$f_1^*(A) = \min\{f_1(A, B_1), f_1(A, B_2), f_1(A_1, B_3)\} = \min\{10,8,9\} = 8$$

由上述的递归计算可以得出从 A 到 E 的最短路径长度为 8。通过反向追踪,可以得出最短路径为 $A—B_2—C_1—D_1—E$,如图 3-5 所示。

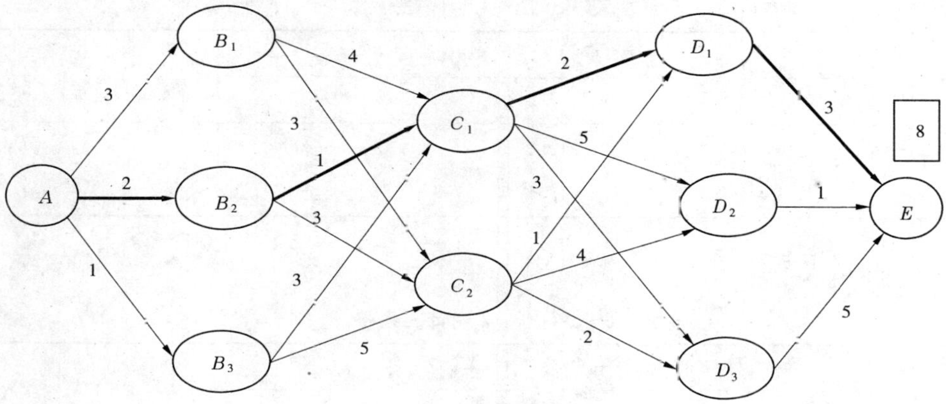

图 3-5　例 3-1 的最短路径

上述递归求解的形式称为解析法。对于阶段与状态都不多的情况下用解析法比较方便，当阶段与状态都比较多时可以采用填表法递归求解。所谓填表就是将基本方程的每一步计算结果填到一个容易递推的表格中，直至求出最优策略。以后向算法为例，将每一步计算结果填到表 3-1 中。

表 3-1　填表法计算表格

第 k 阶段	$f_k(s_k,x_k)=f_{k+1}^*(s_{k+1})+w_k(s_k,x_k)$				$f_k^*(s_k)$	x_k^*
	x_1	x_2	…	x_m		
s_1	$f_k(s_1,x_1)$	$f_k(s_1,x_1)$	…	$f_k(s_1,x_1)$		
⋮	⋮	⋮		⋮		
s_h	$f_k(s_h,x_1)$	$f_k(s_h,x_1)$	…	$f_k(s_h,x_1)$		

下面利用填表法求解例 3-1。

$k=4$ 时，填表 3-2。

表 3-2　$k=4$ 时计算表格

第 4 阶段	$f_k(s_k,x_k)=f_{k+1}^*(s_{k+1})+w_k(s_k,x_k)$	$f_k^*(s_k)$	x_k^*
	E		
D_1	3	3	E
D_2	1	1	E
D_3	5	5	E

$k=3$ 时，填表 3-3。

表 3-3　$k=3$ 时计算表格

第 3 阶段	$f_k(s_k,x_k)=f_{k+1}^*(s_{k+1})+w_k(s_k,x_k)$			$f_k^*(s_k)$	x_k^*
	D_1	D_2	D_3		
C_1	3 +2	1 +5	5 +3	5	D_1
C_2	3 +1	1 +4	5 +2	4	D_1

$k=2$ 时，填表 3-4。

表 3-4　$k=2$ 时计算表格

第 2 阶段	$f_k(s_k,x_k)=f_{k+1}^*(s_{k+1})+w_k(s_k,x_k)$		$f_k^*(s_k)$	x_k^*
	C_1	C_2		
B_1	5 +4	4 +3	7	C_2
B_2	5 +1	4 +3	6	C_1
B_3	5 +3	4 +5	8	C_1

$k=1$ 时，填表 3-5。

表 3-5　$k=1$ 时计算表格

第 3 阶段	$f_k(s_k,x_k)=f_{k+1}^*(s_{k+1})+w_k(s_k,x_k)$			$f_k^*(s_k)$	x_k^*
	B_1	B_2	B_3		
A	7 +3	6 +2	8 +1	8	B_2

从表 3-5 中可以得出，最短路径长为 8，第一阶段的决策为 B_2，按照表 3-2 ~ 表 3-4 反向追踪可以得出最短路径：$A—B_2—C_1—D_1—E$，如图 3-6 所示。

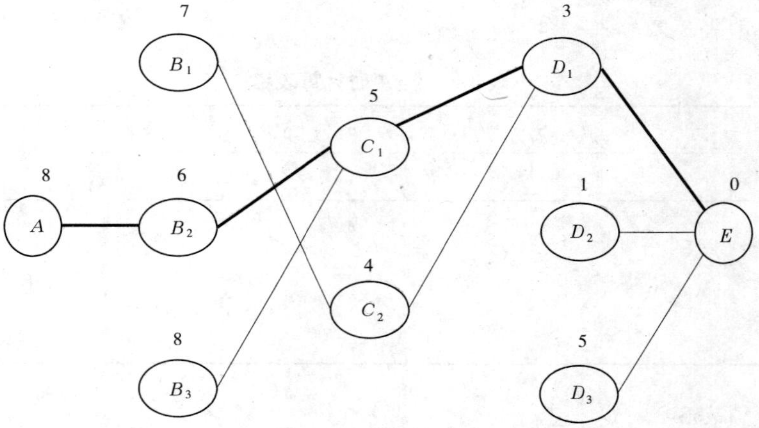

图 3-6　填表法所求最短路径

第四节　动态规划模型的应用

下面先回顾一下后向算法基本方程，然后再通过具体例子进一步了解利用动态规划模型求解多阶段决策问题的方法。

(1)后向算法示意图，如图3-7所示。

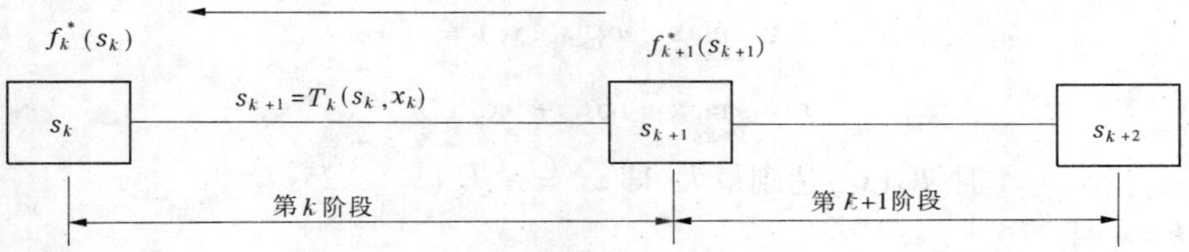

图3-7　后向算法示意图

(2)基本方程

$$\begin{cases} f_k^*(s_k) = \underset{x_k \in X_k}{\text{opt}}\{f_k(s_k,x_k)\} \quad (k = N,N-1,\cdots,1) \\ f_{N+1}^*(s_{N+1}) = \text{初始条件} \quad (0\text{ 或 }1) \end{cases}$$

其中

$$f_k(s_k,x_k) = f_{k+1}^*(s_{k+1}) + w_k(s_k,x_k)$$

或

$$f_k(s_k,x_k) = f_{k+1}^*(s_{k+1}) \times w_k(s_k,x_k)$$

s_k 是第 k 阶段初始的可能状态，x_k 是第 k 阶段的决策，所以，状态转移方程为

$$s_{k+1} = T_k(s_k,x_k)$$

$f_k^*(s_k)$是第 k 阶段从 s_k 状态到终点的最优值，$f_k(s_k,x_k)$是第 k 阶段处于 s_k 状态并选取决策 x_k 后到终点的最优值。

【例3-3】　某运输公司有500辆运输卡车，在超负荷运输(即每天满载行驶500 km以上)情况下，年利润为25万元/辆，这时卡车的年损坏率为0.3。在低负荷运输(每天行驶300 km以下)情况下，年利润为16万元/辆，年损坏率为0.1。现在要求制订一个5年运输计划，问每年年初应如何分配完好车辆在两种不同负荷下运输的卡车数量，使在5年内总利润达到最大？

解：将5年计划以时间为特征分为5个阶段：$k=1,2,3,4,5$。

显然采用后向算法比较合适，故以状态变量 s_k 表示第 k 年初完好卡车数量，同时也是第 $k-1$ 年末完好卡车数量。

用决策变量 x_k 表示第 k 年初分配给超负荷运输的卡车数量，则分配给低负荷运输的卡车数量为 s_k-x_k。

根据题意，状态转移方程为

$$\begin{aligned} s_{k+1} &= (1-0.3)x_k + (1-0.1)(s_k - x_k) \\ &= 0.9s_k - 0.2x_k \end{aligned}$$

以 $w_k(s_k,x_k)$表示第 k 年度的阶段利润(权函数)，则

$$w_k(s_k,x_k) = 25x_k + 16(s_k - x_k) = 16s_k + 9x_k$$

以$f_k^*(s_k)$表示由第k年初状态(完好车辆数)s_k,采用最优策略到第5年末这段时间内所生产的最大利润,则有基本方程

$$\begin{cases} f_k^*(s_k) = \max\limits_{0\leqslant x_k\leqslant s_k}\{w_k(s_k,x_k) + f_{k+1}^*(s_{k+1})\} \\ f_6^*(s_6) = 0 \end{cases}$$

当$k=5$时

$$\begin{aligned} f_5^*(s_5) &= \max_{0\leqslant x_5\leqslant s_5}\{w_5(s_5,x_5) + f_6^*(s_6)\} \\ &= \max_{0\leqslant x_5\leqslant s_5}\{16s_5 + 9x_5\} \end{aligned}$$

显然,当$x_5 = s_5$时,$f_5^*(s_5)$达到最大,即$x_5^* = s_5$,$f_5^*(s_5) = 25s_5$。

当$k=4$时

$$\begin{aligned} f_4^*(s_4) &= \max_{0\leqslant x_4\leqslant s_4}\{w_4(s_4,x_4) + f_5^*(s_5)\} \\ &= \max_{0\leqslant x_4\leqslant s_4}\{16s_4 + 9x_4 + 25s_5\} \\ &= \max_{0\leqslant x_4\leqslant s_4}\{16s_4 + 9x_4 + 25(0.9s_4 - 0.2x_4)\} \\ &= \max_{0\leqslant x_4\leqslant s_4}\{38.5s_4 + 4x_4\} \end{aligned}$$

同理,当$x_4 = s_4$时,$f_4^*(s_4)$达到最大,即$x_4^* = s_4$,$f_4^*(s_4) = 42.5s_4$。

当$k=3$时

$$\begin{aligned} f_3^*(s_3) &= \max_{0\leqslant x_3\leqslant s_3}\{w_3(s_3,x_3) + f_4^*(s_4)\} \\ &= \max_{0\leqslant x_3\leqslant s_3}\{16s_3 + 9x_3 + 42.5s_4\} \\ &= \max_{0\leqslant x_3\leqslant s_3}\{16s_3 + 9x_3 + 42.5(0.9s_3 - 0.2x_3)\} \\ &= \max_{0\leqslant x_3\leqslant s_3}\{54.25s_3 + 0.5x_3\} \end{aligned}$$

同理,当$x_3 = s_3$时,$f_3^*(s_3)$达到最大,即$x_3^* = s_3$,$f_3^*(s_3) = 54.75s_3$。

当$k=2$时

$$\begin{aligned} f_2^*(s_2) &= \max_{0\leqslant x_2\leqslant s_2}\{w_2(s_2,x_2) + f_3^*(s_3)\} \\ &= \max_{0\leqslant x_2\leqslant s_2}\{16s_2 + 9x_2 + 54.75s_3\} \\ &= \max_{0\leqslant x_2\leqslant s_2}\{16s_2 + 9x_2 + 54.75(0.9s_2 - 0.2x_2)\} \\ &= \max_{0\leqslant x_2\leqslant s_2}\{65.275s_2 - 1.95x_2\} \end{aligned}$$

显然当$x_2 = 0$时,$f_2^*(s_2)$达到最大,即$x_2^* = 0$,$f_2^*(s_2) = 65.275s_2$。

当$k=1$时

$$\begin{aligned} f_1^*(s_1) &= \max_{0\leqslant x_1\leqslant s_1}\{w_1(s_1,x_1) + f_2^*(s_2)\} \\ &= \max_{0\leqslant x_1\leqslant s_1}\{16s_1 + 9x_1 + 65.275s_2\} \end{aligned}$$

$$= \max_{0 \leqslant x_1 \leqslant s_1} \{16s_1 + 9x_1 + 65.275(0.9s_1 - 0.2x_1)\}$$

$$= \max_{0 \leqslant x_1 \leqslant s_1} \{74.7475s_1 - 4.055x_1\}$$

显然，当 $x_1 = 0$ 时，$f_1^*(s_1)$ 达到最大，即 $x_1^* = 0$，$f_1^*(s_1) = 74.7475s_1$。

因为

$$s_1 = 500$$

所以

$$f_1^*(500) = 74.7475 \times 500 = 37\,373.75(\text{万元}) \approx 3.74(\text{亿元})$$

最优策略

$$\{x_1^*, x_2^*, x_3^*, x_4^*, x_5^*\} = \{0, 0, x_3^*, x_4^*, x_5^*\}$$

根据状态转移方程，可得

$$s_2 = 0.9s_1 - 0.2x_1 = 0.9 \times 500 = 450$$

$$s_3 = 0.9s_2 - 0.2x_2 = 0.9 \times 450 = 405, x_3^* = 405$$

$$s_4 = 0.9s_3 - 0.2x_3 = 0.9 \times 405 - 0.2 \times 405 = 283.5, x_4^* = 283.5$$

$$s_5 = 0.9s_4 - 0.2x_4 = 0.9 \times 283.5 - 0.2 \times 283.5 = 198.45, x_4^* = 198.45$$

所以，最优策略为{0,0,405,283.5,198.45}，最大利润约为3.74亿元。

说明：$s_k = 0.5$ 表示有一辆卡车在第 k 年度中50%时间处于完好状态，$x_k = 0.5$ 表示有一辆卡车在第 k 年度中50%时间在超负荷运输。

【例3-4】 现有载重量为20 t的一辆卡车，装有三种不同的货物，已知这三种货物每件的重量和价值，如表3-6所示，又规定第2种和第3种货物至多装2件，问如何装载这三种货物，使该车一次运走的货物价值最大？

表3-6　三种货物的重量和价值

货物 $k^\#$	重量 a_k	价值 b_k
$1^\#$	3	4
$2^\#$	4	5
$3^\#$	5	6

解：设 x_k 为第 k 种货物的装载件数，则该问题的数学模型为

$$\max \quad 4x_1 + 5x_2 + 6x_3$$

$$\text{s.t.} \begin{cases} 3x_1 + 4x_2 + 5x_3 \leqslant 20 \\ x_2 \leqslant 2 \\ x_3 \leqslant 2 \\ x_1, x_2, x_3 \geqslant 0 \end{cases}$$

这是一个整数规划问题，用动态规划的方法来求解。

把这个载货问题分为三个阶段的多阶段决策问题，即阶段数 $N = 3$，在第 k 阶段需要确定第 k 种货物的装载件数。

采用后向算法比较合适。

令 s_k 为货物 $k^\# \sim N^\#$ 的允许装载重量；x_k 为在 s_k 条件下货物 $k^\#$ 的装载件数；$f_k(s_k, x_k)$

为货物 $k^{\#} \sim N^{\#}$ 允许装载 s_k 吨，第 $k^{\#}$ 种货物装载 x_k 件时所获得的最大载货价值；$f_k^*(s_k)$ 为货物 $k^{\#} \sim N^{\#}$ 允许装载 s_k 吨时，所获得的最大载货价值；$w_k(s_k, x_k)$ 为货物 $k^{\#}$ 装载 x_k 件时所获得的价值。显然

$$w_k(s_k, x_k) = b_k x_k$$

状态转移方程为

$$s_{k+1} = s_k - a_k x_k$$

基本方程为

$$\begin{cases} f_k^*(s_k) = \max\limits_{x_1 \in X_k} \{f_k(s_k, x_k)\} \quad (k = N, N-1, \cdots, 1) \\ f_{N+1}^*(x_{N+1}) = 0 \\ s_{k+1} = s_k - a_k x_k \end{cases}$$

其中

$$\begin{aligned} f(s_k, x_k) &= w_k(s_k, x_k) + f_{k+1}^*(s_{k+1}) \\ &= b_k x_k + f_{k+1}^*(s_k - a_k x_k) \end{aligned}$$

采用填表法，求解过程如下：

$k = 3$ 时

$$S_3 = \{0,1,2,3,4\} \cup \{5,6,7,8,9\} \cup \{10,11,\cdots,20\} = S_{31} \cup S_{32} \cup S_{33}$$

$$X_3 = \{0,1,2\}$$

填入表 3-7。

表 3-7　$k = 3$ 时

第 3 阶段	$f_k(s_k,x_k)=w_k(s_k,x_k)+f_{k+1}^*(s_{k+1})$			$f_k^*(s_k)$	x_k^*
	0	1	2		
S_{31}	0			0	0
S_{32}	0	6		6	1
S_{33}	0	6	12	12	2

$k = 2$ 时

$$S_2 = \{s_2 \mid s_2 = 20 - k, s_2 \geqslant 0, k = 0,1,2,3,4,5,6\} = \{2,5,8,11,14,17,20\}$$

$$X_2 = \{0,1,2\}$$

填入表 3-8。

表 3-8　$k = 2$ 时

第 2 阶段	$f_k(s_k,x_k)=w_k(s_k,x_k)+f_{k+1}^*(s_{k+1})$			$f_k^*(s_k)$	x_k^*
	0	1	2		
2	0			0	0
5	0 + 6	5 + 0		6	0

续表 3-8

第 2 阶段	$f_k(s_k,x_k)=w_k(s_k,x_k)+f_{k+1}{}^*(s_{k+1})$			$f_k^*(s_k)$	x_k^*
	0	1	2		
8	0+6	5+0	10+0	10	2
11	0+12	5+6	10+0	12	1
14	0+12	5+5	10+6	16	2
17	0+12	5+6	10+6	16	2
20	0+12	5+6	10+12	22	2

$k=1$ 时，$S_1=\{20\}$，$X_2=\{0,1,2,3,4,5,6\}$，填入表 3-9。

表 3-9　$k=1$ 时

第 1 阶段	$f_k(s_k,x_k)=w_k(s_k,x_k)+f_{k+1}^*(s_{k+1})$							$f_k^*(s_k)$	x_k^*
	0	1	2	3	4	5	6		
20	22	20	24	23	26	26	24	26	4 或 5

由表 3-7 ~ 表 3-9，可得一次运走的货物最大价值为 26，其最优策略见图 3-8。

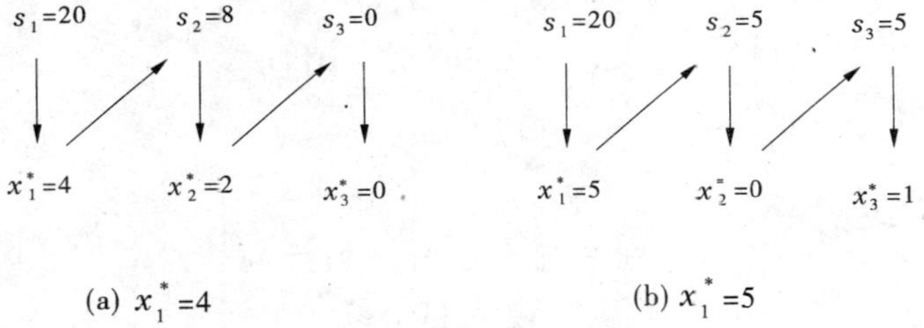

图 3-8　例 3-4 的最优策略

【例 3-5】　某企业在生产过程中需要使用一种会产生污染气体的原料，污染气体是原料投入的平方，现至少需要 b 个单位的原料投入，可以分三次投入，问各投入多少时才能使总污染气体最少？

解：设第 i 次的投入量为 x_i，则该问题归结为

$$\min \quad x_1^2+x_2^2+x_3^2$$

$$\text{s.t.}\begin{cases}x_1+x_2+x_3\geqslant b\\ x_i\geqslant 0 \quad (i=1,2,3)\end{cases}$$

这是一个二次规划问题，下面我们应用动态规划问题来分析求解该问题。

首先，将该问题按投放次序分为三个阶段，即 $N=3$，第 k 阶段就是要确定第 k 次的投放量 x_k，如图 3-9 所示。

设 s_k 为第一次到第 k 次总的投放量，显然 s_k 是第 k 阶段末的一种状态，所以采用前向算法比较合适。并进一步令 $f_k(s_k,x_k)$ 为在 s_k 条件下，第 k 次投放量 x_k 所产生的最小污

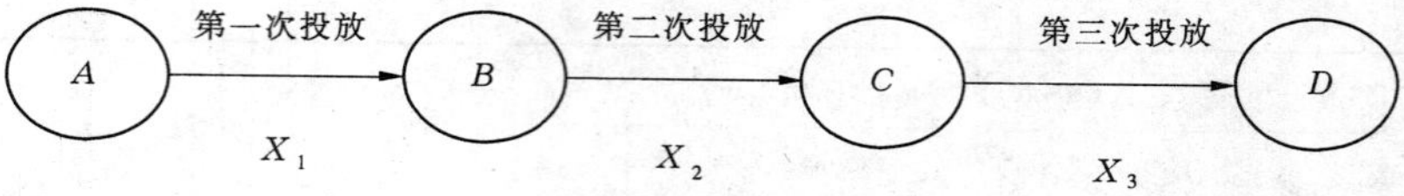

图3-9　例3-5图

染量，$f_k^*(s_k)$为在 s_k 条件下所产生的最小污染量，$w(s_k,x_k)=x_k^2$ 为第 k 次投放量 x_k 所产生的污染量。则状态转移方程为

$$s_k = s_{k-1} + x_k$$

即

$$s_{k-1} = s_k - x_k$$

基本方程

$$\begin{cases} f_k^*(s_k) = \min\limits_{x_k \in X_k}\{f(s_k,x_k\} \quad (k=1,2,\cdots,N) \\ s_{k-1} = s_k - x_k \quad (k=1,2,\cdots,N) \\ f_0^*(s_0) = 0, s_0 = 0 \end{cases}$$

其中

$$f_k(s_k,x_k) = w_k(s_k,x_k) + f_{k-1}^*(s_{k-1}) = x_k^2 + f_{k-1}^*(s_{k-1})$$

$k=1$ 时

$$s_1 = s_0 + x_1 = x_1$$
$$X_1 = [0,s_1]$$
$$f_1^*(s_1) = \min_{x_1 \in X_1}\{x_1^2 + 0\} = s_1^2$$
$$x_1^* = s_1$$

$k=2$ 时

$$s_2 = s_1 + x_2, s_1 = s_2 - x_2$$
$$X_2 = [0,s_2]$$
$$\begin{aligned} f_2^*(s_2) &= \min_{x_2 \in X_2}\{x_2^2 + s_1^2\} \\ &= \min_{x_2 \in X_2}\{x_2^2 + (s_2 - x_2)^2\} \\ &= \min_{x_2 \in X_2}\{2x_2^2 - 2s_2x_2 + s_2^2\} \end{aligned}$$

当 $x_2 = \dfrac{1}{2}s_2$ 时，$2x_2^2 - 2s_2x_2 + s_2^2$最小，最小值为$\dfrac{1}{2}s_2^2$。即

$$x_2^* = \frac{1}{2}s_2, f_2^*(s_2) = \frac{1}{2}s_2^2$$

$k=3$ 时

$$s_3 = s_2 + x_3, s_2 = s_3 - x_3$$
$$X_3 = [0,s_3]$$
$$f_3^*(s_3) = \min_{x_3 \in X_3}\{x_3^2 + \frac{1}{2}s_2^2\}$$

$$= \min_{x_2 \in X_2} \{ x_3^2 + \frac{1}{2}(s_3 - x_3)^2 \}$$

$$= \min_{x_2 \in X_2} \{ \frac{3}{2}x_3^2 - s_3 x_3 + \frac{1}{2}s_3^2 \}$$

当 $x_3 = \frac{1}{3}s_3$ 时，$\frac{3}{2}x_3^2 - s_3x_3 + \frac{1}{2}s_3^2$ 最小，最小值为$\frac{1}{3}s_3^2$。即

$$x_3^* = \frac{1}{3}s_3,\ f_3^*(s_3) = \frac{1}{3}s_3^2$$

由题意，$s_3 = b$，故 $f_3^*(s_3) = \frac{1}{3}b^2$，$x_3^* = \frac{1}{3}b$。逆向可推出

$$s_2 = s_3 - x_3^* = b - \frac{1}{3}b = \frac{2}{3}b$$

$$x_2^* = \frac{1}{2}s_2 = \frac{1}{3}b$$

$$s_1 = s_2 - x_2^* = \frac{2}{3}b - \frac{1}{3}b = \frac{1}{3}b$$

$$x_1^* = s_1 = \frac{1}{3}b$$

即每次投料$\frac{1}{3}b$ 个单位，产生的污染最小，最小值为$\frac{1}{3}b^2$ 个单位。

第四章 对策模型及其应用

对策论又称博弈论,是研究具有竞争或斗争性质现象的理论和方法。它是运筹学中的一个重要分支。

在现实生活中人们经常会遇到具有竞争或斗争性质的现象,小至下棋、打扑克、体育竞赛,大至市场经济下的竞争、国际上政府间的外交谈判、军事斗争中的双方对垒等。参加这类竞争或斗争的各方都想选出一个对自己有利的策略来对付竞争的对手,从而使自己在竞争或斗争中取得最好的结果。

1944 年,冯·纽曼(J. Vonneumann)和摩根斯坦(Q. Morgenstern)把对策论与经济数学的研究进行了总结,从而把这一工作提高到一个新水平,他们合著了《对策论与经济行为》。从此,对策论的研究才变得系统化和理论化。

由于对策论处理问题的方法具有明显的特色,因此在近一二十年发展尤为迅速。对策论的思想与方法广泛应用于人们的经济、政治、军事、国际关系、公共选择等活动乃至日常生活之中。1994 年诺贝尔经济学奖授给三位博奕论专家:纳什(Nash)、塞尔腾(Selten)和豪尔沙尼(Harsanyi),不仅是因为他们在非合作博弈理论方面作出了突出的贡献,而且还因为经济学和对策论的研究模式都是强调个人理性,在给定的约束条件下追求效用最大化。同时,对策论在军事活动中的应用也是非常广泛和比较成功的。

第一节 对策问题

两个或两个以上的参与者(对策论中称为局中人)在对抗或竞争的场合中各自作出决策(对策论中称为策略),使自己一方得到尽可能最有利的结果,这类问题称为对策问题。

一、“锤子、剪刀、布”两人游戏

该游戏中的局中人有两个,即局中人Ⅰ、局中人Ⅱ,每个局中人都有三个可选择的策略,即锤子、剪刀、布。如果用 1# 代表锤子策略,2# 代表剪刀策略,3# 代表布策略,并假定胜得 1 分,负得 −1 分,平局得 0 分,则该游戏中对局双方的得失情况可以用表 4-1 表示。

表 4-1 “锤子、剪刀、布”游戏对局双方得失情况

局中人Ⅰ	局中人Ⅱ		
	1#	2#	3#
1#	0	1	−1
2#	−1	0	1
3#	1	−1	0

二、攻防对策

设红军要攻占某个目标，而该目标由蓝军防守，在这个对策中有两个局中人Ⅰ和Ⅱ（Ⅰ:红军，Ⅱ:蓝军）。红军有四种可能的进攻方案，蓝军有三种防御措施，这样共有12种可能结果。以“+”表示得胜，“-”表示失败，则该攻防对策的结果也可以用一个表格来表示，如表4-2所示。

表4-2　攻防对策结果

局中人Ⅰ（红军）	局中人Ⅱ（蓝军）		
	β_1	β_2	β_3
α_1	4	1	−8
α_2	3	2	4
α_3	16	−1	−9
α_4	−3	0	5

三、田忌赛马

战国时期，齐王和大将田忌赛马，双方出三匹马各赛一局，各方的马根据好坏分别称为上马、中马和下马，田忌的马比齐王同一级的马差但比齐王低一级的马好一些。若用同一级马比赛，田忌必然连输三局，每局的赌注为1千金，田忌要输3千金。田忌的谋士建议田忌在赛前先探听齐王赛马的出场次序，然后用自己的下马对齐王的上马，用中马对齐王的下马，用上马对齐王的中马，结果负一局胜两局赢得1千金。但若事先并不知道对方马的出场次序，双方应取何种策略？

双方采用的赛马出场次序安排及相应的结果（齐王赢的千金数）可由表4-3列出。

表4-3　田忌赛马出场次序安排及结果

田忌	齐王					
	上中下	上下中	中上下	中下上	下中上	下上中
上中下	3	1	1	−1	1	1
上下中	1	3	−1	1	1	1
中上下	1	1	3	1	−1	1
中下上	1	1	1	3	1	−1
下中上	1	−1	1	1	3	1
下上中	−1	1	1	1	1	3

第二节　矩阵对策的概念

下面介绍对策论所使用的规范语言与基本概念，它们主要是：局中人、策略、支付值、支付矩阵、矩阵对策等。

一、对策的基本要素

（1）局中人：对局中的决策者。①局中人的划分以利益为标准，而不是以实际人数为标准，利益一致的，不论多少人都是一个局中人。②局中人为二的称为二人对策，局中人为 $n(n>2)$ 的称为 n 人对策。

（2）策略：局中人可选择的行动方案。策略的全体称为策略集。

（3）支付值：局中人每选择一个策略后，都会对应一个对局结果，该结果用一个数值表示，称之为支付值。支付值的正数表示局中人Ⅰ从局中人Ⅱ得到。

（4）支付矩阵：局中人Ⅰ与局中人Ⅱ的所有策略对应的支付值构成一个数表，称之为支付矩阵。

二、对策的分类

对策的种类很多，可以依据不同的原则进行分类。主要的对策模型分类如图 4-1 所示。

三、矩阵对策

在各种各样的对策模型中，有一种对策最简单、最成熟，它是对策论的基础，这就是矩阵对策。

（1）定义：二人有限零和对策。

（2）特点：①局中人只有两个；②每个局中人只有有限个可供选择的策略；③任一对局（局势）中，两个局中人得失之和为零。

（3）矩阵对策的表示。

设局中人Ⅰ有 m 个策略 $\alpha_i(i=1,2,\cdots,m)$；局中人Ⅱ有 n 个策略 $\beta_j(j=1,2,\cdots,n)$。若局中人Ⅰ选择 α_i 策略，若局中人Ⅱ选择 β_j 策略，局中人Ⅰ从局中人Ⅱ得到的支付值为 $a_{ij}(i=1,2,\cdots,m;j=1,2,\cdots,n)$，则支付矩阵为

$$\boldsymbol{A}=(a_{ij})_{m\times n}=\begin{pmatrix} a_{11} & a_{12} & \cdots & a_{1n} \\ a_{21} & a_{22} & \cdots & a_{2n} \\ \vdots & \vdots & & \vdots \\ a_{m1} & a_{m2} & \cdots & a_{mn} \end{pmatrix}$$

可见，该二人有限零和对策由矩阵 $\boldsymbol{A}$ 完全确定，故称之为矩阵对策。令

$$S_1=\{\alpha_1,\alpha_2,\cdots,\alpha_m\}=\{1,2,\cdots,m\}$$
$$S_2=\{\beta_1,\beta_2,\cdots,\beta_n\}=\{1,2,\cdots,n\}$$

则矩阵对策可表示为

$$G=G(S_1,S_2,\boldsymbol{A})$$

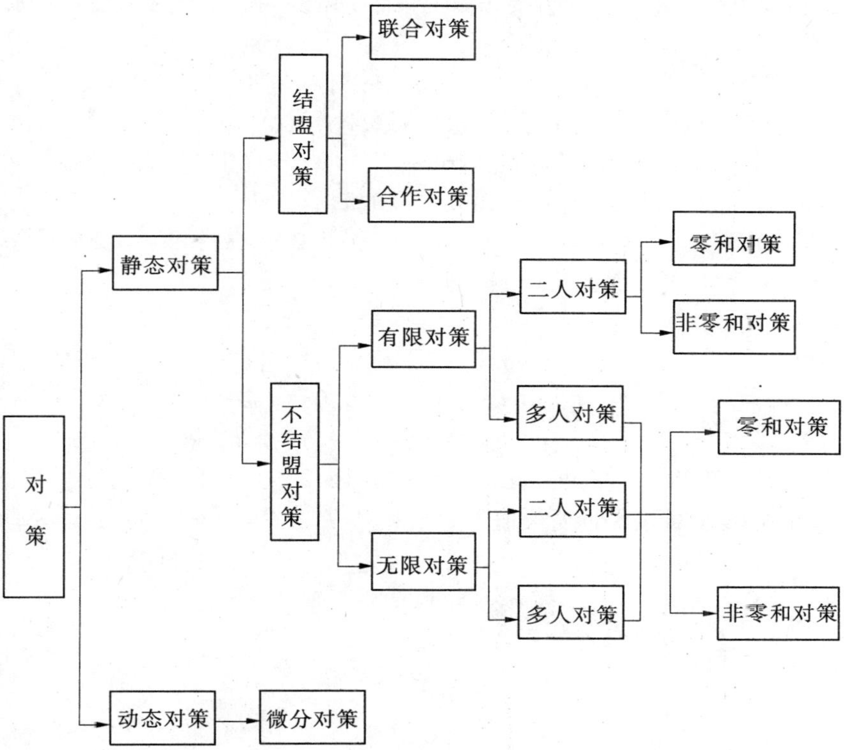

图 4-1　对策模型分类

第三节　矩阵对策的策略

一、矩阵对策的最优策略

(一)矩阵对策的最优性原则

矩阵对策的最优性原则如下：

(1)局中人是“理智人”，即局中人不会选择明显不利于自己的策略，也不会不考虑对手的策略。

(2)在不知对手所选策略的情况下，局中人Ⅰ按最大最小(小中取大)原则选取策略。

(3)在不知对手所选策略的情况下，局中人Ⅱ按最小最大(大中取小)原则选策略。

上述原则归结为一句话，即“从最坏处着想，去争取尽可能好的结果”。按照此原则，我们来分析第一节所述攻防对策的最优策略。

攻防的对策显然是一个矩阵对策，且对策矩阵为

$$\boldsymbol{A}=\begin{pmatrix}4 & 1 & -8\\ 3 & 2 & 4\\ 16 & -1 & -9\\ -3 & 0 & 5\end{pmatrix}$$

假设红、蓝双方相互不知道对方要采取的策略，则双方按照上述最优性原则决策。

对于红军

$$V(\alpha_1) = \min\{4,1,-8\} = -8$$
$$V(\alpha_2) = \min\{3,2,4\} = 2$$
$$V(\alpha_3) = \min\{16,-1,-9\} = -9$$
$$V(\alpha_4) = \min\{-3,0,5\} = -3$$
$$\max\{V(\alpha_1),V(\alpha_2),V(\alpha_3),V(\alpha_4)\} = \max(-8,2,-9,-3) = 2 = V(\alpha_2)$$

所以，红军选择 α_2 至少可以保证所得值不小于 2。

对于蓝军

$$V(\beta_1) = \max\{4,3,16,-3\} = 16$$
$$V(\beta_2) = \max\{1,2,-1,0\} = 2$$
$$V(\beta_3) = \max\{-8,4,-9,5\} = 5$$
$$\min\{V(\beta_1),V(\beta_2),V(\beta_3)\} = \min(16,2,5) = 2 = V(\beta_2)$$

所以，蓝军选择 β_2 至少可以保证所失值不大于 2。

而

$$V(\alpha_2) = V(\beta_2) = 2$$

因此，对局中的红、蓝双方最满意的局势策略为

$$(\alpha_2,\beta_2)$$

又可以表示为

$$(2,2)$$

（二）矩阵对策的最优策略

一般地，设矩阵对策 $G = G(S_1,S_2,\boldsymbol{A})$，其中

$$S_1 = \{\alpha_1,\alpha_2,\cdots,\alpha_m\},S_2 = \{\beta_1,\beta_2,\cdots,\beta_n\},\boldsymbol{A} = (a_{ij})_{m\times n}$$

定义 1 对于上述矩阵对策，称 $\underline{V} = \max\limits_{1\leqslant i\leqslant m}\min\limits_{1\leqslant j\leqslant n} a_{ij}$ 为矩阵对策的下值；称 $\overline{V} = \min\limits_{1\leqslant j\leqslant n}\max\limits_{1\leqslant i\leqslant m} a_{ji}$ 为矩阵对策的上值。

攻防结策中，$\underline{V} = \overline{V} = 2$。一般地，$\underline{V}$ 与 $\overline{V}$ 有什么样的关系呢？

定理 1 矩阵对策 $G = G(S_1,S_2,\boldsymbol{A})$ 的上下值满足

$$\underline{V} = \max_{1\leqslant i\leqslant m}\min_{1\leqslant j\leqslant n} a_{ij} \leqslant \min_{1\leqslant j\leqslant n}\max_{1\leqslant i\leqslant m} a_{ji} = \overline{V}$$

证：对每个 i 有

$$\min_{1\leqslant j\leqslant n} a_{ij} \leqslant a_{ij} \quad (i = 1,2,\cdots,m)$$

对每个 j 有

$$a_{ij} \leqslant \max_{1\leqslant i\leqslant m} a_{ij} \quad (j = 1,2,\cdots,n)$$

因此，对一切 i,j 都有

$$\min_{1\leqslant j\leqslant n} a_{ij} \leqslant \max_{1\leqslant i\leqslant m} a_{ij} \tag{4-1}$$

式(4-1)左边与 j 无关，两边对 j 取最小值，得

$$\min_{1\leqslant j\leqslant n} a_{ij} \leqslant \min_{1\leqslant j\leqslant n}\max_{1\leqslant i\leqslant m} a_{ij} \tag{4-2}$$

式(4-2)右边与 i 无关,两边对 i 取最大值,得

$$\max_{1\leq i\leq m}\min_{1\leq j\leq n} a_{ij} \leq \min_{1\leq j\leq n}\max_{1\leq i\leq m} a_{ij}$$

定义 2　设矩阵对策 $G(S_1,S_2,\boldsymbol{A})$,如果它的支付矩阵 $\boldsymbol{A}$ 的元素满足

$$\underline{V} = \max_{1\leq i\leq n}\min_{1\leq j\leq n} a_{ij} = a_{i^*j^*} \leq \min_{1\leq j\leq n}\max_{1\leq i\leq m} a_{ji} = \overline{V}$$

记 $V_G = a_{i^*j^*}$,则称 V_G 为对策 G 的值,i^* 和 j^* 分别称为局中人Ⅰ、局中人Ⅱ的最优(纯)策略,(i^*,j^*) 称为对策的一个鞍点,也称 $i=i^*,j=j^*$ 为对策的一个解。

对于前面提到的攻防对策,$V_G=a_{22}=2$,α_2、β_2 分别为局中人Ⅰ、局中人Ⅱ的最优策略,(2,2)为对策的一个鞍点,$i=2,j=2$ 为对策的一个解。

定理 2　矩阵对策 $G=G(S_1,S_2,\boldsymbol{A})$ 在纯策略意义下有解的充分必要条件是:存在一个 i^* 和 j^*,使 $a_{i^*j^*}$ 为行中最小、列中最大的元素,即对一切的 i 和 j,有

$$a_{ij^*} \leq a_{i^*j^*} \leq a_{i^*j}$$

证:(充分性)对于任意的 i,j 均有

$$a_{ij^*} \leq a_{i^*j^*} \leq a_{i^*j}$$

故

$$\max_i a_{ij^*} \leq a_{i^*j^*} \leq \min_j a_{i^*j}$$

又因

$$\min_j \max_i a_{ij} \leq \max_i a_{ij^*}$$

$$\min_j a_{i^*j} \leq \max_i \min_j a_{ij}$$

所以

$$\min_j \max_i a_{ij} \leq a_{i^*j^*} \leq \max_i \min_j a_{ij} \tag{4-3}$$

另一方面,由定理 1 知

$$\max_i \min_j a_{ij} \leq \min_j \max_i a_{ij} \tag{4-4}$$

由式(4-3)和式(4-4)得

$$\min_j \max_i a_{ij} = \max_i \min_j a_{ij} = a_{i^*j^*}$$

(必要性)若矩阵对策 $G(S_1,S_2,\boldsymbol{A})$ 在纯策略意义下有解,即存在 i^* 和 j^* 使

$$\max_{1\leq i\leq m}\min_{1\leq j\leq n} a_{ij} = a_{i^*j^*} = \min_{1\leq j\leq n}\max_{1\leq i\leq m} a_{ji}$$

则必然有

$$\max_{1\leq i\leq m}\min_{1\leq j\leq n} a_{ij} = \min_{1\leq j\leq n} a_{i^*j} \quad (i^* \text{ 行中最小})$$

和

$$\min_{1\leq j\leq n}\max_{1\leq i\leq m} a_{ij} = \max_{1\leq i\leq m} a_{ij^*} \quad (j^* \text{ 列中最大})$$

且

$$\min_{1\leq j\leq n} a_{i^*j} = \max_{1\leq i\leq m} a_{ij^*}$$

但

$$\min_{1\leq j\leq n} a_{i^*j} \leq a_{i^*j^*} \leq \max_{1\leq i\leq m} a_{ij^*}$$

于是有

$$\min_{1\leq j\leq n} a_{i^*j} = a_{i^*j^*} = \max_{1\leq i\leq m} a_{ij^*}$$

因此,对一切的 i 和 j,有

$$a_{ij^*} \leq a_{i^*j^*} \leq a_{i^*j} \tag{4-5}$$

式(4-5)说明,若矩阵对策存在对策值 V,则当局中人Ⅰ选择 i^* 时,局中人Ⅱ选择 j^* 以外的策略,其支付值不可能小于 V;当局中人Ⅱ选择 j^* 时,局中人Ⅰ选择 i^* 以外的策略,其支付值不可能大于 V。所以,我们分别称 i^*、j^* 为局中人Ⅰ、局中人Ⅱ的最优策略。

有时对策的鞍点不是唯一的,这时有如下定理:

定理 3　如果(i^*,j^*)和(i^0,j^0)都是矩阵对策 G 的鞍点,则(i^*,j^0)和(i^0,j^*)也是矩阵对策 G 的鞍点,且鞍点处的值相等,即

$$a_{i^*j^*} = a_{i^0j^*} = a_{i^*j^0} = a_{i^0j^0}$$

到此,若矩阵对策有鞍点,则我们可以得到局中人的最优策略。但是,由定理 1 知,一般情况下

$$\underline{V} = \max_{1\leq i\leq m}\min_{1\leq j\leq n} a_{ij} < \min_{1\leq j\leq n}\max_{1\leq i\leq m} a_{ji} = \overline{V}$$

如第一节提到的"锤子、剪刀、布"游戏中,$\underline{V} = -1 < 1 = \overline{V}$。在这种情况下,局中人将尽可能不让对方猜出自己选择哪一个策略。用数学语言来说就是局中人采用一种随机方法即以一定的概率来确定自己的策略,以求得多次对局时为自己争取尽可能多的效益。这就是所谓的混合策略。

二、矩阵对策的混合策略

定义 3　设矩阵对策 $G(S_1,S_2,\boldsymbol{A})$,$\boldsymbol{A} = (a_{ij})_{m\times n}$,用 x_i 表示局中人 Ⅰ 选择策略 i 的概率,用 y_j 表示局中人 Ⅱ 选择策略 j 的概率,则称 $x_i \geq 0, i = 1,2,\cdots,m, \sum_{i=1}^{m} x_i = 1$ 为局中人 Ⅰ 的混合策略,称 $y_j \geq 0, j = 1,2,\cdots,n, \sum_{j=1}^{n} y_j = 1$ 为局中人 Ⅱ 的混合策略。

显然,前面所讨论的策略是混合策略的一种特殊情况,即策略 i 对应于混合策略,见图 4-2。

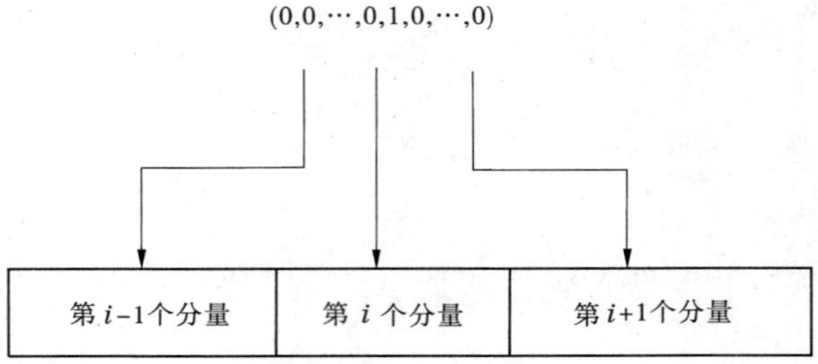

图 4-2　混合策略

令

$$S_1^* = \{x_1,x_2,\cdots,x_m \mid x_i \geq 0, i = 1,2,\cdots,m, \sum_{i=1}^{m} x_i = 1\}$$

$$S_2^* = \{y_1, y_2, \cdots, y_m \mid y_i \geqslant 0, j = 1,2,\cdots,n, \sum_{j=1}^{n} y_i = 1\}$$

并分别称之为局中人Ⅰ、局中人Ⅱ的策略集。

设

$$X = \{x_1, x_2, \cdots, x_m\} \in S_1^*$$

$$Y = \{y_1, y_2, \cdots, y_n\} \in S_2^*$$

分别为局中人Ⅰ、局中Ⅱ的一个混合策略集。则局中人Ⅰ的期望支付值为

$$V = \sum_{i=1}^{m} \sum_{j=1}^{n} a_{ij} x_i y_j$$

混合意义下的上下值定义为

上值
$$V_1 = \max_{X \in S_1^*} \min_{Y \in S_2^*} \sum_{i=1}^{m} \sum_{j=1}^{n} a_{ij} x_i y_j$$

下值
$$V_2 = \min_{Y \in S_2^*} \max_{X \in S_1^*} \sum_{j=1}^{n} \sum_{i=1}^{m} a_{ij} x_i y_j$$

类似地，我们可以给出混合意义下最优策略的定义。

定义4　设矩阵对策 $G(S_1, S_2, \boldsymbol{A})$，若存在

$$X^* = \{x_1^*, x_2^*, \cdots, x_m^*\} \in S_1^*, Y^* = \{y_1^*, y_2^*, \cdots, y_n^*\} \in S_2^*$$

满足

$$V_1 = \max_{X \in S_1^*} \min_{Y \in S_2^*} \sum_{i=1}^{m} \sum_{j=1}^{n} a_{ij} x_i y_j = \sum_{i=1}^{m} \sum_{j=1}^{n} a_{ij} x_{i*} y_{j*} = \min_{Y \in S_2^*} \max_{X \in S_1^*} \sum_{j=1}^{n} \sum_{i=1}^{m} a_{ij} x_i y_j = V_2$$

则称 X^*、Y^* 分别为局中人Ⅰ、局中人Ⅱ的最优策略，且策略值为

$$V_G = \sum_{i=1}^{m} \sum_{j=1}^{n} a_{ij} x_{i*} y_{j*}$$

说明：局中人Ⅰ的期望赢得值为 V_G，并不是说他每采取一纯策略就能得到此数，而是 x_{i*} 在概率的意义下，经过相当次数的对局之后所得的平均值。

关于矩阵对策在混合意义下的最优策略有以下重要结论。

定理4　矩阵对策有解的充分必要条件为：存在

$$X^* = \{x_1^*, x_2^*, \cdots, x_m^*\} \in S_1^*, Y^* = \{y_1^*, y_2^*, \cdots, y_n^*\} \in S_2^*$$

使得对一切的 $X = \{x_1, x_2, \cdots, x_m\} \in S_1^*, Y = \{y_1, y_2, \cdots, y_n\} \in S_2^*$ 有

$$\sum_{i=1}^{m} \sum_{j=1}^{n} a_{ij} x_i y_{j*} \leqslant \sum_{i=1}^{m} \sum_{j=1}^{n} a_{ij} x_{i*} y_{j*} \leqslant \sum_{i=1}^{m} \sum_{j=1}^{n} a_{ij} x_{i*} y_j$$

定理5　（矩阵对策基本定理）任何一个给定的矩阵对策 G 一定有解。

定理6　若矩阵对策 G 的值为 V，则以下两个不等式的解就是局中人Ⅰ、局中人Ⅱ的最优混合策略。

$$\begin{cases} \sum_{i=1}^{m} a_{ij} x_i \geqslant V \quad (j = 1,2,\cdots,n) \\ x_i \geqslant 0, \sum_{i=1}^{m} x_i = 1 \end{cases}$$

和

$$\begin{cases} \sum_{j=1}^{n} a_{ij} y_j \leqslant V \quad (i = 1,2,\cdots,m) \\ y_j \geqslant 0, \sum_{j=1}^{n} y_j = 1 \end{cases}$$

定理 7　如果(x^*, y^*)是矩阵对策 G 的最优混合局势,则对任意的 i 和 j 来说:

(1) 若 $x_{i^*} > 0$,则 $\sum_{j=1}^{n} a_{ij} y_{j^*} = V$。

(2) 若 $y_{j^*} > 0$,则 $\sum_{i=1}^{m} a_{ij} x_{i^*} = V$。

(3) 若 $\sum_{j=1}^{n} a_{ij} y_{j^*} < V$,则 $x_{i^*} = 0$。

(4) 若 $\sum_{i=1}^{m} a_{ij} x_{i^*} > V$,则 $y_{j^*} = 0$。

第四节　矩阵对策的解法

前面主要讨论了对策问题、矩阵对策的基本概念和矩阵对策的策略,从中我们已经知道,对于有鞍点的矩阵对策,可以用最大最小原则比较容易地解出最优策略(纯策略)。对于无鞍点的矩阵对策,可以通过求解方程组、不等式或由不等式转化得到的线性规划而求解混合意义下的最优策略。下面分别介绍这些方法。

一、矩阵对策的线性方程组解法

由定理 7,若依据实际对策情况能预先断定最优混合策略中 x^*、y^* 均大于 0,则可将求解问题化为求解两个线性方程组的解,这两个线性方程组是

$$\begin{cases} \sum_{i=1}^{m} a_{ij} x_i = V \\ \sum_{i=1}^{m} x_i = 1 \end{cases}$$

和

$$\begin{cases} \sum_{j=1}^{n} a_{ij} y_j = V \\ \sum_{j=1}^{n} y_j = 1 \end{cases}$$

特别地,当 $\boldsymbol{A} = (a_{ij})_{2\times 2}$时,上述方程组即为

$$\begin{cases} a_{11}x_1 + a_{21}x_2 = V \\ a_{12}x_1 + a_{22}x_2 = V \\ x_1 + x_2 = 1 \end{cases}$$

和

$$\begin{cases} a_{11}y_1 + a_{12}y_2 = V \\ a_{21}y_1 + a_{22}y_2 = V \\ y_1 + y_2 = 1 \end{cases}$$

解方程组得

$$V_G = \frac{a_{11}a_{22} - a_{12}a_{21}}{(a_{11} + a_{22}) - (a_{12} + a_{21})}$$

$$x_1^* = \frac{a_{22} - a_{21}}{(a_{11} + a_{22}) - (a_{12} + a_{21})}$$

$$x_2^* = \frac{a_{11} - a_{12}}{(a_{11} + a_{22}) - (a_{12} + a_{21})}$$

$$y_1^* = \frac{a_{22} - a_{12}}{(a_{11} + a_{22}) - (a_{12} + a_{21})}$$

$$y_2^* = \frac{a_{11} - a_{21}}{(a_{11} + a_{22}) - (a_{12} + a_{21})}$$

【例4-1】　求解矩阵对策

$$\boldsymbol{A} = \begin{pmatrix} 1 & 3 \\ 4 & 2 \end{pmatrix}$$

解:由于 $\boldsymbol{A}$ 没有鞍点,显然,$x^* > 0, y^* > 0$,则可以直接由上述公式求出其对策值和最优混合策略,即

对策值:$V_G = \frac{5}{2}$;

局中人Ⅰ的最优混合策略:$x^* = (\frac{1}{2}, \frac{1}{2})$;

局中人Ⅱ的最优混合策略:$y^* = (\frac{1}{4}, \frac{3}{4})$。

【例4-2】　求解“锤子、剪刀、布”游戏

$$\boldsymbol{A} = \begin{pmatrix} 0 & 1 & -1 \\ -1 & 0 & 1 \\ 1 & -1 & 0 \end{pmatrix}$$

解:由于 $\boldsymbol{A}$ 没有鞍点,显然,$x^* > 0, y^* > 0$,于是求解上还方程组

$$\begin{cases} -x_2 + x_3 = V \\ x_1 - x_3 = V \\ -x_1 + x_2 = V \\ x_1 + x_2 + x_3 = 1 \end{cases}$$

和

$$\begin{cases} y_2 - y_3 = V \\ -y_1 + y_3 = V \\ y_1 - y_2 = V \\ y_1 + y_2 + y_3 = 1 \end{cases}$$

得

对策值：$V_G = 0$；

局中人Ⅰ的最优混合策略：$x^* = (\frac{1}{3}, \frac{1}{3}, \frac{1}{3})$；

局中人Ⅱ的最优混合策略：$y^* = (\frac{1}{3}, \frac{1}{3}, \frac{1}{3})$。

二、矩阵对策的线性规划解法

由前述可知，若矩阵对策有鞍点，其最优纯策略和对策值可以通过最大最小原则比较容易解出；若矩阵对策无鞍点，其最优混合策略需要通过求解方程组或不等式得到，因此求解比较复杂。实际上，最优混合策略的求解通常并不是通过求解上述不等式得到的，而是将其转化为线性规划问题来求解。

由定理6，对不等式

$$\begin{cases} \sum_{i=1}^{m} a_{ij} x_i \geq V \quad (j = 1,2,\cdots,n) \\ x_i \geq 0, \sum_{i=1}^{m} x_i = 1 \end{cases} \tag{4-6}$$

和

$$\begin{cases} \sum_{j=1}^{n} a_{ij} y_j \leq V \quad (i = 1,2,\cdots,m) \\ y_j \geq 0, \sum_{j=1}^{n} y_j = 1 \end{cases} \tag{4-7}$$

作变换，令 $x'_i = \frac{x_i}{V}, y'_j = \frac{y_j}{V}$（不妨设 $V > 0$），则式(4-6)可以化为

$$\begin{cases} \sum_{i=1}^{m} a_{ij} x'_i \geq 1 \quad (j = 1,2,\cdots,n) \\ \sum_{i=1}^{m} x'_i = \frac{1}{V} \\ x'_i \geq 0 \quad (i = 1,2,\cdots,m) \end{cases}$$

对于局中人Ⅰ来说，V 尽可能大，即其最优策略的解是下面 LP1 问题的解。

$$\min \quad Z = \sum_{i=1}^{m} x'_i$$

$$\text{s.t.} \quad \begin{cases} \sum_{i=1}^{m} a_{ij} x'_i \geq 1 \quad (j = 1,2,\cdots,n) \\ x'_i \geq 0 \quad (i = 1,2,\cdots,m) \end{cases}$$

类似地，局中人Ⅱ的最优策略的解是下面 LP2 问题的解。

$$\max \quad W = \sum_{j=1}^{n} y'_j$$

$$\text{s.t.} \begin{cases} \sum_{j=1}^{n} a_{ij} y'_j \leqslant 1 & (i = 1,2,\cdots,m) \\ y'_j \geqslant 0 & (j = 1,2,\cdots,n) \end{cases}$$

说明：

(1)上述两个 LP 正好是一对对偶的 LP，求解其中一个 LP 即可得到另外一个 LP 的解，并且

$$W^* = Z^* = \frac{1}{V}$$

(2)上述两个互为对偶的线性规划的解之间的关系如下：

将 LP2 化为标准型

$$\min \quad W = -\sum_{j=1}^{n} y'_j$$

$$\text{s.t.} \begin{cases} \sum_{j=1}^{n} a_{ij} y'_j + y'_{i+n} = 1 & (i = 1,2,\cdots,m) \\ y'_j \geqslant 0 & (j = 1,2,\cdots,n+m) \end{cases}$$

设求得其解为

$$Y^* = (y'_1, y'_2, \cdots, y'_n, y'_{n+1}, \cdots, y'_{n+m})$$

对应的检验数为

$$\lambda = (\lambda_1, \lambda_2, \cdots, \lambda_n, \lambda_{n+1}, \cdots, \lambda_{n+m})$$

则 LP1 的解为

$$X^* = (x'_1, x'_2, \cdots, x'_m) = (-\lambda_{n+1}, -\lambda_{n+2}, \cdots, -\lambda_{n+m})$$

(3)上述转化的前提条件是 $V>0$。这就要求矩阵对策中支付矩阵 $\boldsymbol{A}$ 的元素应该满足非负条件，即 $a_{ij} \geqslant 0$。若不满足，即 $a_{ij}<0$，在求解前应当先将支付矩阵 $\boldsymbol{A}$ 变换为新的支付矩阵：

$$\boldsymbol{A}' = (a'_{ij})_{m\times n} = (a_{ij} + d)_{m\times n}，其中\ d = -\min\{a_{ij}\}$$

则新的支付矩阵 $\boldsymbol{A}'$ 满足 $a'_{ij} \geqslant 0$，可以求解对应问题，进而求解原对策问题。关于两个支付矩阵 $\boldsymbol{A}$ 与 $\boldsymbol{A}'$ 对应的解之间有如下关系。

定理 8　设有两个矩阵对策

$$G_1 = G(S_1, S_2, \boldsymbol{A}), G_2 = G(S_1, S_2, \boldsymbol{A}')$$

其中

$$\boldsymbol{A}' = (a'_{ij})_{m\times n} = (a_{ij} + d)_{m\times n}$$

d 为常数，则两个矩阵对策的解相同，其对策值相差一个 d，即

$$V_{G_2} = V_{G_1} + d$$

由此可以得到用线性规划方法求解矩阵对策的具体步骤如下：

设 $G=G(S_1,S_2,\boldsymbol{A})$，$\boldsymbol{A}=(a_{ij})_{m\times n}$，无鞍点。

（1）选择适当的常数 d，使 $\boldsymbol{A}'=(a'_{ij})_{m\times n}=(a_{ij}+d)_{m\times n}$ 的各元素均非负。

（2）对 $\boldsymbol{A}'$ 建立相应的 LP 模型 LP1 和 LP2，用单纯形法求解 LP2，分别得最优解：

$$X'=(x'_1,x'_2,\cdots,x'_m)$$
$$Y'=(y'_1,y'_2,\cdots,y'_n)$$

（3）由 $W=\sum_{j=1}^{n}y'_j$，$V'=\dfrac{1}{W}$ 求出 V'（V' 为以 $\boldsymbol{A}'$ 为支付矩阵的对策值，W 为以 $\boldsymbol{A}'$ 为支付矩阵的矩阵对策对应的 LP2 的目标函数值）。

（4）由 $V=V'-d$，$X^*=VX'$，$Y^*=VY'$，求得对策的值 $V_G=V$ 和最优混合策略 X^*、Y^*。

【例 4-3】 利用线性规划求解支付矩阵为

$$\boldsymbol{A}=\begin{pmatrix}-1 & -2 & -1\\ -2 & -1 & 0\\ 1 & 0 & -2\end{pmatrix}$$

的矩阵对策。

解：第一步：取 $d=-\min\{a_{ij}\}=2$ 使

$$\boldsymbol{A}'=(a_{ij}+2)_{3\times 3}=\begin{pmatrix}1 & 0 & 1\\ 0 & 1 & 2\\ 3 & 2 & 0\end{pmatrix}$$

第二步：建立相应的线性规划模型（LP1 和 LP2）如下

$$\min\quad Z=x'_1+x'_2+x'_3$$
$$\text{s.t.}\begin{cases}x'_1+3x'_3\geqslant 1\\ x'_2+2x'_3\geqslant 1\\ x'_1+2x'_2\geqslant 1\\ x'_i\geqslant 0\quad(i=1,2,3)\end{cases}$$

和

$$\max\quad W=y'_1+y'_2+y'_3$$
$$\text{s.t.}\begin{cases}y'_1+y'_3\leqslant 1\\ y'_2+2y'_3\leqslant 1\\ 3y'_1+2y'_2\leqslant 1\\ y'_j\geqslant 0\quad(j=1,2,3)\end{cases}$$

用单纯形法求解 LP2，相应的单纯形表如表 4-4 ~ 表 4-6 所示。

表 4-4　例 4-3 单纯形表 1

Y_B	C_B	决策变量						α	比值
		$\downarrow y_1$	y_2	y_3	y_4	y_5	y_6		
y_4	0	1	0	1	1	0	0	1	1/1
y_5	0	0	1	2	0	1	0	1	
$\leftarrow y_6$	0	3	2	0	0	0	1	1	1/3
λ		1	1	1	0	0	0	0	

表 4-5　例 4-3 单纯形表 2

Y_B	C_B	决策变量						α	比值
		y_1	y_2	$\downarrow y_3$	y_4	y_5	y_6		
y_4	0	0	−2/3	1	1	0	−1/3	2/3	2/3
$\leftarrow y_5$	0	0	1	2	0	1	0	1	1/2
y_1	−1	1	2/3	0	0	0	1/3	1/3	
λ		0	1/3	1	0	0	−1/3	1/3	

表 4-6　例 4-3 单纯形表 3

Y_B	C_B	决策变量						α	比值
		y_1	y_2	y_3	y_4	y_5	y_6		
y_4	0	0	−7/6	0	1	0	−1/3	1/6	
y_3	−1	0	1/2	1	0	1	0	1/2	
y_1	−1	1	2/3	0	0	0	1/3	1/3	
λ		0	−1/6	0	0	−1/2	−1/3	5/6	

由此可得

$$Y' = (y'_1, y'_2, y'_3) = (\frac{1}{3}, 0, \frac{1}{2})$$

$$X' = (x'_1, x'_2, x'_3) = (0, \frac{1}{2}, \frac{1}{3})$$

$$W = \frac{5}{6}$$

于是

$$V' = \frac{1}{W} = \frac{6}{5}$$

$$V = V' - d = \frac{6}{5} - 2 = -\frac{4}{5}$$

由此得

$$X^* = V'X' = (0,\frac{3}{5},\frac{2}{5})$$

$$Y^* = V'Y' = (\frac{2}{5},0,\frac{3}{5})$$

三、求解矩阵对策中的计算技巧

在求解矩阵对策前，充分考虑支付矩阵的特点有时会大大简化求解的复杂程度和难度，下面介绍几个常用的技巧。

（一）用优超法简化计算

一般地，对于给定的对策

$$G = G(S_1,S_2,\boldsymbol{A})$$
$$S_1 = \{\alpha_1,\alpha_2,\cdots,\alpha_m\}$$
$$S_2 = \{\beta_1,\beta_2,\cdots,\beta_n\}$$
$$\boldsymbol{A} = (a_{ij})_{m\times n}$$

如果第 k 行与第 h 行的元素均满足 $a_{kj}\geqslant a_{hj}$，则称局中人Ⅰ的第 k 个纯策略 α_k 优超第 h 个纯策略 α_h。

类似地，如果第 p 行与第 q 行的元素均满足 $a_{ip}\leqslant a_{iq}$，则称局中人Ⅱ的第 p 个纯策略 β_p 优超第 q 个纯策略 β_q。

如果发现局中人Ⅰ的策略 α_k 优超策略 α_h，就可以从 $\boldsymbol{A}$ 中删除第 h 行，且最优混合策略中必有 $x_h^*=0$；如果发现局中人Ⅱ的策略 β_p 优超策略 β_q，就可以从 $\boldsymbol{A}$ 中删除第 q 列，且最优混合策略中必有 $y_q^*=0$。

（二）$\boldsymbol{A}$ 为对角矩阵的情况

定理 9 设矩阵对策 $G=G(S_1,S_2,\boldsymbol{A})$ 为 n 阶对角矩阵，对角线上的元素均大于 0，则 $X^*=Y^*=(\frac{\theta}{a_{11}},\frac{\theta}{a_{22}},\cdots,\frac{\theta}{a_{nn}})$，且 $V=\theta$，其中

$$\theta = \left[\sum_{i=1}^{n} a_{ii}^{-1}\right]^{-1}$$

（三）$\boldsymbol{A}$ 的各行各列元素之和相等的情况

定理 10 设矩阵对策 $G=G(S_1,S_2,\boldsymbol{A})$ 为 n 阶矩阵，若

$$\sum_{j=1}^{n} a_{ij} = c,\quad i = 1,2,\cdots,n$$

$$\sum_{i=1}^{n} a_{ij} = c,\quad j = 1,2,\cdots,n$$

则

$$X^* = Y^* = (\frac{1}{n},\frac{1}{n},\cdots,\frac{1}{n})\ 且\ V = \frac{c}{n}$$

【例 4-4】 求解"田忌赛马"对策，见表 4-3。

解：显然，"田忌赛马"对策的支付矩阵中，各行各列的元素之和相等且为 6，由此可得

$$X^* = Y^* = (\frac{1}{6}, \frac{1}{6}, \cdots, \frac{1}{6})$$

且

$$V = \frac{6}{6} = 1$$

说明若齐王、田忌均以$\frac{1}{6}$的概率选择对局方案，则经过多次比赛，齐王可望赢得 1 千金。

第五章　决策分析模型

决策分析有广义和狭义之别。广义的决策分析指科学决策的整个过程以及过程中的分析方法。狭义的决策分析一般是指运筹学中用于方案评价分析的模型与量化分析方法。本章所讨论的几种决策分析模型与方法是指狭义上的分析模型与方法。

第一节　决策问题的基本概念

一、决策问题实例

【例 5-1】 某工厂生产某种产品，有Ⅰ、Ⅱ、Ⅲ三种方案可供选择。根据经验，该产品的市场销路有好、一般、差三种状态，它们发生的概率分别为 0.3、0.5、0.2。第 i 种方案在第 j 种状态下的收益值 a_{ij} 见表 5-1，如 $a_{13}=15$，意即采用第Ⅰ种方案生产时，该产品销路若为第三种状态——销路差，其收益值 1 年为 15 个单位。问该工厂应采用何种方案生产，使收益期望值最大？

表 5-1　不同方案不同状态下的收益值

策略	自然状态及概率		
	N_1（好）（发生概率为 0.3）	N_2（一般）（发生概率为 0.5）	N_3（差）（发生概率为 0.2）
S_1（按第Ⅰ方案生产）	50	30	15
S_2（按第Ⅱ方案生产）	40	35	25
S_3（按第Ⅲ方案生产）	30	30	28

这就是一个典型的用定量分析的方法分析求解的决策问题。

二、决策模型

为了定义一般化的决策问题及模型，先给出以下四个基本概念：

（1）策略、策略集。策略：每一个决策方案，记为 S_k。策略集：决策方案的全体，记为 $S=\{S_1,S_2,\cdots,S_m\}$。

（2）自然状态：决策者无法控制的因素，记为 $N=\{N_1,N_2,\cdots,N_n\}$。如天气、市场状况、战争结果等。

（3）状态概率：各自然状态出现的概率，记为 $p_j=P(N_j)$。

（4）损益矩阵：由每一个方案在不同的自然状态下所得的损益值构成的数表，记为 $\boldsymbol{A}=(a_{ij})_{m\times n}$，其中 a_{ij} 表示在状态 N_j 下作出决策 S_i 的损益值。

由上述要素构成的决策问题，可以表示为如表 5-2 所示的数学模型（图表模型）。

表 5-2　决策模型

策略	不同状态及概率下的损益			
	$N_1(p_1)$	$N_2(p_2)$	…	$N_n(p_n)$
S_1	a_{11}	a_{12}	…	a_{1n}
S_2	a_{21}	a_{22}	…	a_{2n}
⋮	⋮	⋮		⋮
S_m	a_{m1}	a_{m2}	…	a_{mn}

三、决策模型的分类

按照对未来自然状态掌握的程度不同，决策问题可分为确定情况下决策与非确定情况下决策。非确定情况下决策又可分为风险型决策及不确定型决策两类，因此决策问题有确定型决策、风险型决策、不确定型决策三类，如图 5-1 所示。

确定型决策是指未来自然状态在完全确定情况下的决策。

风险型决策又称为随机型决策，是对未来的自然状态不能完全确定，但各种自然状态可能发生的概率为已知的条件下的决策。

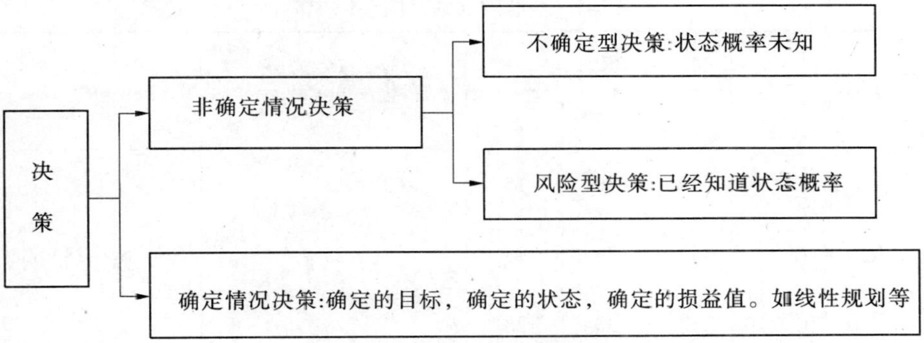

图 5-1　决策模型的分类

本章我们主要介绍常用的非确定情况决策的决策方法。

第二节　不确定型决策

对于未知状态概率的决策问题，往往根据决策问题的性质和决策者的主观态度作出决策，常用的决策分析方法有五种：悲观准则、乐观准则、适度乐观准则（折中准则）、等可能准则、最小机会损失准则。下面我们分别介绍如何应用这些准则对不确定型决策问题进行决策。

一、悲观准则(最大最小准则)

悲观准则也称最大最小准则。决策者不知道各种自然状态中任一种发生的概率,决策目标是避免最坏的结果,力求风险最小。运用悲观准则进行决策时,首先要确定每一可选方案的最小收益值,然后从这些方案最小收益值中,选出一个最大值,与该最大值相对应的方案就是决策所选择的方案,如表 5-3 所示。

表 5-3　悲观准则

策略	不同状态下的损益				$H_i = \min\{a_{ij}\}$	$\max\{H_i\}$
	N_1	N_2	…	N_n		
S_1	a_{11}	a_{12}	…	a_{1n}	H_1	
S_2	a_{21}	a_{22}	…	a_{2n}	H_2	$S^* = S_k \leftarrow H_k = \max\{H_i\}$
⋮	⋮	⋮		⋮	⋮	
S_m	a_{m1}	a_{m2}	…	a_{mn}	H_m	

按悲观准则对例 5-1 决策,见表 5-4。

表 5-4　按悲观准则对例 5-1 决策

策略	损益			$H_i = \min\{a_{ij}\}$	$\max\{H_i\}$
	好	一般	差		
S_1(按第Ⅰ方案生产)	50	30	15	15	
S_2(按第Ⅱ方案生产)	40	35	25	25	$S^* = S_3 \leftarrow 28 = \max\{H_i\}$
S_3(按第Ⅲ方案生产)	30	30	28	28	

二、乐观准则(最大最大准则)

乐观准则也称最大最大准则。决策者不知道各种自然状态中任一种可能发生的概率,决策的目标是在最好的自然状态下确保获得最大可能的利润。运用乐观准则进行决策时,首先确定每一可选方案的最大利润值,然后在这些方案的最大利润中选出一个最大值,与该最大值相对应的那个可选方案便是决策选择的方案,如表 5-5 所示。

表 5-5　乐观准则

策略	不同状态下的损益				$H_i=\max(a_{ij})$	$\max\{H_i\}$
	N_1	N_2	…	N_n		
S_1	a_{11}	a_{12}	…	a_{1n}	H_1	$S^*=S_k\leftarrow H_k=\max\{H_i\}$
S_2	a_{21}	a_{22}	…	a_{2n}	H_2	
⋮	⋮	⋮		⋮	⋮	
S_m	a_{m1}	a_{m2}	…	a_{mn}	H_m	

按乐观准则对例 5-1 决策，见表 5-6。

表 5-6　按乐观准则对例 5-1 决策

策略	损益			$H_i=\max\{a_{ij}\}$	$\max\{H_i\}$
	好	一般	差		
S_1（按第Ⅰ方案生产）	50	30	15	50	$S^*=S_1\leftarrow 50=\max\{H_i\}$
S_2（按第Ⅱ方案生产）	40	35	25	40	
S_3（按第Ⅲ方案生产）	30	30	28	30	

三、适度乐观准则

适度乐观准则即决策者确定一个乐观系数 $\alpha(0.5<\alpha<1)$，运用乐观系数计算出各方案的乐观期望值，并选择期望值最大的方案，如表 5-7 所示。

表 5-7　适度乐观准则

策略	不同状态下的损益				$H_i=\alpha\times\max(a_{ij})+(1-\alpha)\times\min(a_{ij})$	$\max\{H_i\}$
	N_1	N_2	…	N_n		
S_1	a_{11}	a_{12}	…	a_{1n}	H_1	$S^*=S_k\leftarrow H_k=\max\{H_i\}$
S_2	a_{21}	a_{22}	…	a_{2n}	H_2	
⋮	⋮	⋮		⋮	⋮	
S_m	a_{m1}	a_{m2}	…	a_{mn}	H_m	

按适度乐观准则对例 5-1 决策，取 $\alpha=0.7$，见表 5-8。

表 5-8　按适度乐观准则对例 5-1 决策

策略	损益			$H_i=\alpha\times\max(a_{ij})+(1-\alpha)\times\min(a_{ij})$	$\max\{H_i\}$
	好	一般	差		
S_1（按第Ⅰ方案生产）	50	30	15	39.5	$S^*=S_1\leftarrow 39.5=\max\{H_i\}$
S_2（按第Ⅱ方案生产）	40	35	25	39.5	
S_3（按第Ⅲ方案生产）	30	30	28	29.4	

四、等可能准则

等可能准则即假定自然状态中任何一种发生的可能性是相同的，通过比较每个方案的损益平均值来进行方案的选择，如表 5-9 所示。

表 5-9　等可能准则

策略	不同状态下的损益				$H_i=\sum_{j=1}^{n}\frac{a_{ij}}{n}$	$\max\{H_i\}$
	N_1	N_2	$\cdots$	N_n		
S_1	a_{11}	a_{12}	$\cdots$	a_{1n}	H_1	$S^*=S_k\leftarrow H_k=\max\{H_i\}$
S_2	a_{21}	a_{22}	$\cdots$	a_{2n}	H_2	
$\vdots$	$\vdots$	$\vdots$		$\vdots$	$\vdots$	
S_m	a_{m1}	a_{m2}	$\cdots$	a_{mn}	H_m	

按等可能准则对例 5-1 决策，见表 5-10。

表 5-10　按等可能准则对例 5-1 决策

策略	损益			$H_i=\sum_{j=1}^{n}\frac{a_{ij}}{n}$	$\max\{H_i\}$
	好	一般	差		
S_1（按第Ⅰ方案生产）	50	30	15	95/3	$S^*=S_2\leftarrow 100/3=\max\{H_i\}$
S_2（按第Ⅱ方案生产）	40	35	25	100/3	
S_3（按第Ⅲ方案生产）	30	30	28	88/3	

五、最小机会损失准则

令 $b_{ij}=\max\limits_{1\leqslant k\leqslant m}\{a_{kj}\}-a_{ij}, i=1,2,\cdots,m; j=1,2,\cdots n$，称该值为在自然状态 N_j 下采用方案 S_i 时的机会损失值，又称遗憾值。

最小机会损失准则即决策者先计算出各方案在不同自然状态下的机会损失值，然后从这些机会损失值中找出最小的，将其对应的方案作为最优方案，如表 5-11 所示。

表 5-11　最小机会损失准则

策略	不同状态下的损益				$H_i=\max\{b_{ij}\}$	$\min\{H_i\}$
	N_1	N_2	$\cdots$	N_n		
S_1	b_{11}	b_{12}	$\cdots$	b_{1n}	H_1	$S^*=S_k\leftarrow H_k=\min\{H_i\}$
S_2	b_{21}	b_{22}	$\cdots$	b_{2n}	H_2	
$\vdots$	$\vdots$	$\vdots$		$\vdots$	$\vdots$	
S_m	b_{m1}	b_{m2}	$\cdots$	b_{mn}	H_m	

按最小机会损失准则对例 5-1 决策，见表 5-12。

表 5-12　按最小机会损失准则对例 5-1 决策

策略	损益			$H_i = \max\{b_{ij}$	$\min\{H_i\}$
	好	一般	差		
S_1(按第Ⅰ方案生产)	0	5	13	13	
S_2(按第Ⅱ方案生产)	10	0	3	10	$S^* = S_2 \leftarrow 10 = \min\{H_i\}$
S_3(按第Ⅲ方案生产)	20	5	0	20	

第三节　风险型决策

决策问题的不确定性给决策者的决策带来困难。决策者努力收集有关自然状态的以往信息,以便获得各个自然状态发生的概率,这些以往的信息称为先验信息,由先验信息加工整理得到的概率分布称为先验分布。如果决策者已经具有各个自然状态发生的概率,则该决策问题为风险型决策。在风险型决策问题中,人们还可以追加新的样本信息来修正原有的先验分布,以提高决策的可靠性。与不确定型决策一样,风险型决策也会受不同准则的影响而导出不同的结果。

对于风险型决策问题,一般采用期望值作为决策准则,常用的决策方法有最大期望值准则、最小机会损失准则、决策树法和后验期望值准则。下面我们分别介绍如何应用这些准则和方法对风型险决策问题进行决策。

一、最大期望值准则

最大期望值准则是以期望值为标准的决策方法,即先计算各可行方案的期望收益值,然后从这些期望收益值中,选取最大者,它对应的策略为最优方案,如表 5-13 所示。

表 5-13　风险型决策的最大期望值准则

策略	不同状态(概率)下的损益				$H_i = \sum_{j=1}^{n} a_{ij}p_j$	$\max\{H_i\}$
	$N_1(p_1)$	$N_2(p_2)$	…	$N_n(p_n)$		
S_1	a_{11}	a_{12}	…	a_{1n}	H_1	
S_2	a_{21}	a_{22}	…	a_{2n}	H_2	$S^* = S_k \leftarrow H_k = \max\{H_i\}$
⋮	⋮	⋮		⋮	⋮	
S_m	a_{m1}	a_{m2}	…	a_{mn}	H_m	

按最大期望值准则对例 5-1 决策,见表 5-14。

表 5-14　按最大期望值准则对例 5-1 决策

策略	损益			$H_i=\sum_{j=1}^{n}a_{ij}p_j$	$\max\{H_j\}$
	好(0.3)	一般(0.5)	差(0.2)		
S_1(按第Ⅰ方案生产)	50	30	15	33	
S_2(按第Ⅱ方案生产)	40	35	25	34.5	$S^*=S_2\leftarrow 34.5=\max\{H_i\}$
S_3(按第Ⅲ方案生产)	30	30	28	29.6	

二、最小机会损失准则

令 $b_{ij}=\max\limits_{1\leqslant k\leqslant m}\{a_{kj}\}-a_{ij}, i=1,2,\cdots,m; j=1,2,\cdots,n$，称该值为在自然状态 N_j 下采用方案 S_i 时的机会损失值，又称遗憾值。

最小机会损失准则即决策者先计算各策略的机会损失值，然后从这些机会损失值中选取最小的，将其对应的方案作为最优方案，如表 5-15 所示。

表 5-15　风险型决策的最小机会损失准则

策略	不同状态(概率)下的损益				$H_i=\sum_{j=1}^{n}b_{ij}p_j$	$\min\{H_i\}$
	$N_1(p_1)$	$N_2(p_2)$	$\cdots$	$N_n(p_n)$		
S_1	b_{11}	b_{12}	$\cdots$	b_{1n}	H_1	
S_2	b_{21}	b_{22}	$\cdots$	b_{2n}	H_2	$S^*=S_k\leftarrow H_k=\min\{H_i\}$
$\vdots$	$\vdots$	$\vdots$		$\vdots$	$\vdots$	
S_m	b_{m1}	b_{m2}	$\cdots$	b_{mn}	H_m	

按最小机会损失准则对例 5-1 决策，见表 5-16。

表 5-16　按风险型决策的最小机会损失准则对例 5-1 决策

策略	损益			$H_i=\sum_{j=1}^{n}b_{ij}p_j$	$\min\{H_i\}$
	好(0.3)	一般(0.5)	差(0.2)		
S_1(按第Ⅰ方案生产)	0	5	13	5.1	
S_2(按第Ⅱ方案生产)	10	0	3	3.6	$S^*=S_2\leftarrow 3.6=\min\{H_i\}$
S_3(按第Ⅲ方案生产)	20	5	0	8.5	

三、决策树方法

决策树是一种树状图，决策树法是运用树状图方法来作出决策，它是决策分析最常使用的一种方法。对于较为复杂的决策问题，决策者在作出抉择和采取行动之前要权衡各种可能发生的情况，还需要想到未来发展的各种可能性。这时用决策树方法来表达决策问题中先后各个阶段之间的联系，其表达方式清晰明了，形象直观，先后从属关系一目了然,因而得到广泛的应用。

决策树图一般由四种元素组成,如图 5-2 所示。

(1)决策结点。在决策树图中,决策结点以矩形图符表示,决策者需要在决策结点处进行决策(方案选择)。从决策结点引出的每一分枝,都是策略分枝。分枝数反映可能的行动方案数。为了表明方案的差别,可以在引出分枝的线段上标明方案的内容。最后选中的策略(方案)的期望损益值要写在决策结点的上方,未被选上的方案要“剪枝”。

(2)策略结点(方案结点)。在决策树图中,策略结点用图符圆圈表示,位于策略分枝的末端,其上方的数字为该策略的期望损益值。由策略结点引出的分枝称为状态分枝(又称概率分枝),每一个策略结点引出的分枝数即为可能出现的状态数。为了表明状态的差别,在每条分枝上标明各自然状态的内容与其出现的概率。

(3)结果结点。在决策树图中,结果结点用三角图符表示,它是状态分枝的末梢,它旁侧的数字是相应策略在该状态下的损益值。

(4)分枝。分枝包括策略分枝(方案分枝)与状态分枝(概率分枝)两种。最终决策求出后,未被选上的策略分枝要“剪枝”,在要“剪枝”的策略分枝线段上标上相应的“剪枝”符号。

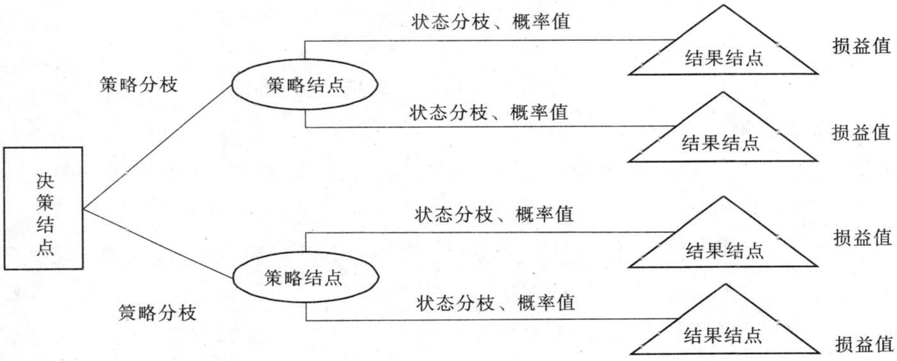

图 5-2　决策树图

决策树图是从左向右逐步画出的,然后将原始数据标在相应的位置上。画出决策树后,从右向左计算各策略结点的期望损益值,并标在相应的策略结点上;再根据最优期望损益值决策准则,对决策结点上的各个方案进行比较、抉择,并把决策结果标在图上;最后对没被选中的分枝进行“剪枝”。

决策问题可分为单阶段决策问题与多阶段决策问题两类,分别举例如下。

(一)单阶段决策

【例 5-2】　某市需建设一个生产某产品的工厂,有两个方案:一是建大厂,二是建小厂。建大厂需投资 300 万元,建小厂投资为 140 万元,两者使用期均为 10 年。若在 10 年间产品销路好,小厂每年可盈利 40 万元,大厂每年可盈利 100 万元。若销路差,则小厂每年盈利 20 万元,大厂则每年亏损 20 万元。根据对市场的预测,产品销路好的概率为 0.7,产品销路差的概率为 0.3,试问决策者应选择何种方案建厂?

解:第一步:画决策树,从左向右逐步画出,将相应的原始数据标在图上,如图 5-3

所示。

第二步:计算各策略结点的期望损益值:

A_1:0. 7 ×100 ×10 +0. 3 ×(−20) ×10 =640(万元),640 −300(建厂投资) =340(万元)。

A_2:0. 7 ×40 ×10 +0. 3 ×20 ×10 =340(万元), 340 −140(建厂投资) =200(万元)。

第三步:将计算结果标在策略结点上,并进行决策。由最优期望损益值准则,显然建大厂方案为优。决策结点 1 的决策为建大厂。

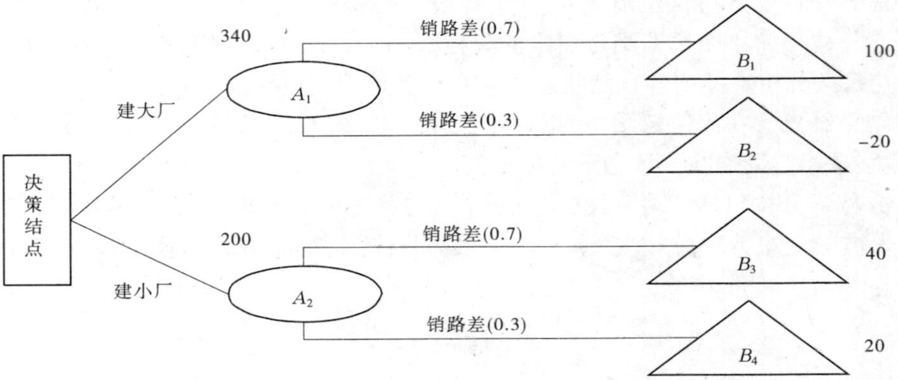

图 5-3 例 5-2 决策树

(二) 多阶段决策

有些较为复杂的决策问题,往往要分为几个阶段,每个阶段都要作出一个抉择,而前一阶段的决策又会影响到下一阶段的决策。这种决策问题称为多阶段决策问题(又称动态决策问题)。若此时问题中的自然状态是确定型的,则可用动态规划来解决。若是不确定的,但知道它们发生的概率,则可用风险决策来解决。

【例 5-3】 在例 5-2 中再增加第三个建厂方案:先建小厂,如果前三年的产品销路好,再扩建大厂,扩建所需投资为 200 万元,盈亏收益情况仍如例 5-2。关于市场的调查结果为:在 10 年使用期中,产品前 3 年销路好的概率为 0. 7,销路差的概率为 0. 3;如前 3 年销路好,则后 7 年销路也好的概率为 0. 9;如前 3 年销路差,后 7 年销路肯定差。若仍以 10 年为期,问工厂应选择何种方案建厂?

解:由题意可知,本决策问题是一个两阶段决策问题,前 3 年为第一阶段,后 7 年为第二阶段。在第一阶段中,有两种方案:建大厂与建小厂。对于建小厂方案,若前 3 年产品销路好,则第二阶段开始还有一个决策选择:扩建还是不扩建。

第一步:由上述分析,从左向右画出决策树:分两个阶段,且标上相应的已知数据,见图 5-4。

第二步:从右向左计算各策略结点的期望损益值。

结点④:0. 9 ×100 ×7 +0. 1 ×(−20) ×7 =616(万元)。

结点⑤:1. 0 ×(−20) ×7 = −140(万元)。

结点②:0. 7 × 100 × 3 + 0. 3 × (−20) × 3 + 0. 7 × 616 + 0. 3 × (−140) = 581. 2(万元),581. 2 −300(建大厂投资) =281. 2(万元)。

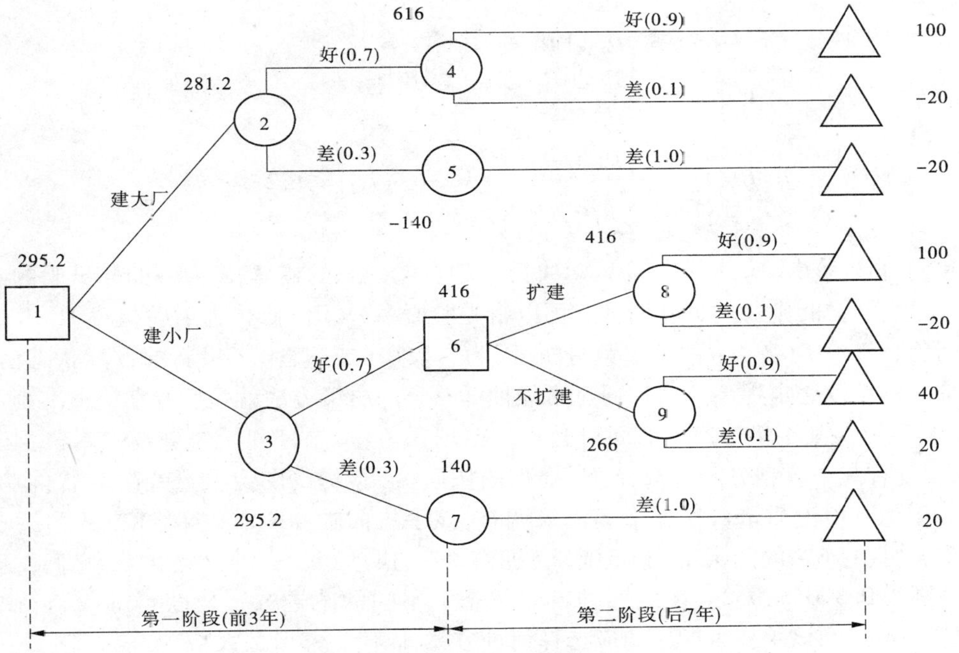

图5-4　例5-3决策树

结点⑧:$0.9\times100\times7+0.1\times(-20)\times7=616$(万元),$616-200$(扩建投资)$=416$(万元)。

结点⑨:$0.9\times40\times7+0.1\times20\times7=266$(万元)。

结点⑦:$1.0\times20\times7=140$(万元)。

结点③:$0.7\times40\times3+0.3\times20\times3+0.7\times416+0.3\times140=435.2$(万元),$435.2-140$(建小厂投资)$=295.2$(万元)。

第三步:由计算结果可知,由于结点3的期望损益值大于结点2的期望损益值,因此决策结点1应选取策略结点3(即先建小厂)。若前3年的产品销路好,则由策略结点8的期望损益值大于结点9的值,故决策结点6应选取扩建大厂的方案;若前3年销路差,扩建只能亏损,则第二阶段应维持小厂方案。

四、后验期望值准则(贝叶斯决策准则)

(一)先验概率

前面我们用到的自然状态的概率 p_i 总是根据历史经验、统计资料由决策者估计确定的,所以通常称之为先验概率。

(二)后验概率

一般的,先验概率具有较大主观性,增加抽样试验(即添加信息)之后能够得到抽样概率。经过贝叶斯公式修正后的先验概率称为后验概率。

(三)贝叶斯(Bayes)公式

设 S 为随机试验 E 的样本空间,$B_1,B_2,\cdots,B_n$ 为 E 的一组事件,A 为一随机事件的结

果。已知

$$B_i \cap B_j = \varnothing \quad (i \neq j)$$
$$B_1 \cup B_2 \cup \cdots \cup B_n = S$$

则有

$$P(B_i/A) = \frac{P(A/B_i)P(B_i)}{\sum_{j=1}^{n} P(A/B_j)P(B_j)} \quad (i,j = 1,2,\cdots,n)$$

我们可认为 $B_1, B_2, \cdots, B_n$ 为风险决策中的自然状态的概率，A 为一抽样试验的随机事件，且概率已知，则通过贝叶斯公式可以将先验概率 $P(B_1)$ 修正为后验概率 $P(B_1/A)$。显然用后验概率 $P(B_1/A)$ 进行决策分析，因为它应用（或包含）了最新的自然状态信息，其决策的科学性必定提高。这种通过增加抽样信息的决策方法就是后验期望值准则。

【例 5-4】 某手机生产厂商面对激烈的市场竞争，拟制订利用先进技术对机型改型的计划，现有三个改型方案可选择：S_1 提高图像质量；S_2 提高图像质量并改进软件功能；S_3 提高图像和电池质量。根据市场需求调查，该手机面临高需求（拥有 8% 的购买者）、一般需求（拥有 6% 的购买者）和低需求（拥有 4% 的购买者）三种自然状态，它们发生的概率分别为 0.3、0.5、0.2。在这三种自然状态下不同的改进方案所获得的收益情况如表 5-17 所示。问该手机生产厂商应选择何种方案，以使收益值最大？

表 5-17　收益情况

方案	收益值		
	N_1（高需求）（发生概率为 0.3）	N_2（一般需求）（发生概率为 0.5）	N_3（低需求）（发生概率为 0.2）
S_1	50	30	20
S_2	80	40	0
S_3	120	20	-40

解：根据前面的风险决策方法已经知道，按最大期望值准则决策得表 5-18。

表 5-18　按最大期望值准则对例 5-4 决策

策略	损　益			$H_i = \sum_{j=1}^{n} a_{ij}p_j$	$\max\{H_i\}$
	高（0.3）	一般（0.5）	低（0.2）		
S_1	50	30	20	34	
S_2	80	40	0	44	$S^* = S_2 \leftarrow 44 = \max\{H_i\}$
S_3	120	20	-40	38	

假设决策者现向 40 户打算购买手机的人发出购买该厂手机的订单，其中有 3 户回函购买，记这一组抽样试验结果为 A，则试验 A 相当于进行了 40 次独立试验，其中 3 次成功。根据二项分布，计算出：

$$P(A/N_1) = C_{40}^3 \times 0.08^3 \times 0.92^{37} = 0.2313$$
$$P(A/N_2) = C_{40}^3 \times 0.06^3 \times 0.94^{37} = 0.2162$$
$$P(A/N_3) = C_{40}^3 \times 0.04^3 \times 0.96^{37} = 0.1396$$

根据贝叶斯公式得

$$P(N_1A) = \frac{0.2313 \times 0.3}{0.2313 \times 0.3 + 0.2162 \times 0.5 + 0.1396 \times 0.2} = 0.3378$$
$$P(N_2/A) = \frac{0.2162 \times 0.5}{0.2313 \times 0.3 + 0.2162 \times 0.5 + 0.1396 \times 0.2} = 0.5263$$
$$P(N_3/A) = \frac{0.1396 \times 0.2}{0.2313 \times 0.3 + 0.2162 \times 0.5 + 0.1396 \times 0.2} = 0.1359$$

这时，按照最大期望值准则决策得表 5-19。

表 5-19　经贝叶斯公式修正后的决策

策略	损　益			$H_i = \sum_{j=1}^{n} a_{ij}p_j$	$\max\{H_i\}$
	高(0.337 8)	一般(0.526 3)	低(0.135 9)		
S_1	50	30	20	35.398	$S^* = S_2 \leftarrow 48.04 = \max\{H_i\}$
S_2	80	40	0	48.04	
S_3	120	20	-40	15.632	

第四节　效用理论

一、效用的概念及效用曲线

(一)效用与效用值

由前文所述可知，常用的决策分析方法的适用范围为：若不知道状态概率，则可以根据决策问题的性质以及决策者的主观倾向分别按照悲观准则、乐观准则、适度乐观准则、等可能准则和最小机会损失准则决策；若已知状态概率，则可以根据最大期望值准则、最小机会损失准则来决策；对于多阶段的情形还可以借助于决策树的形式比较简便地确定合适的决策。

但是，对于有些风险决策，按照最大期望值准则、最小机会损失准则来决策会与实际情况不一致。我们来看下面的例子。

【例 5-5】　某单位空运一件价值 100 万元的精密仪器，如果发生事故，仪器就要损伤，单位需自己承担全部损失。而如果该单位花 0.2 万元参加保险，则一旦发生事故，保险公司会赔偿全部损失。已知飞机发生事故的概率为 0.001，问这种情况下，是否参加保险？

解：我们用最大期望值准则进行决策，其决策树如图 5-5 所示。

从图 5-5 可知，如果按最大期望值准则进行决策，应选择不参加保险的策略。但事实

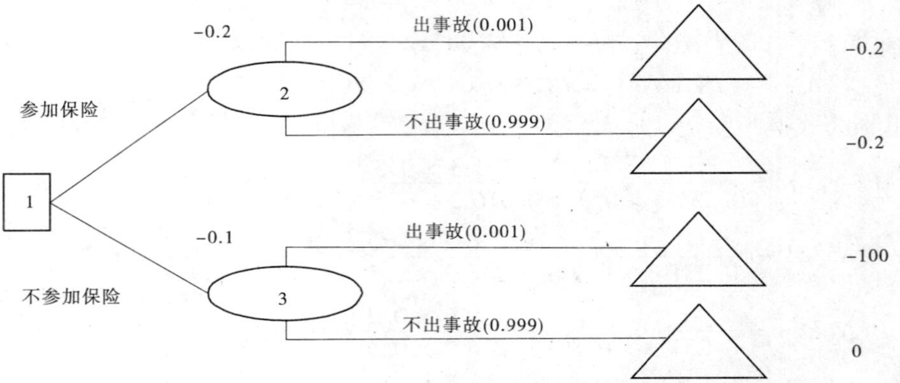

图 5-5　例 5-5 决策树

上绝大多数人都会选择参加保险的策略。尽管出事故的可能性很小,但也很少有人愿意为节省 0.2 万元而冒损失 100 万元的风险。

【例 5-6】　老王参加某电视台组织的综艺节目而得奖,奖金为 500 元。但主持人告诉他还可有一个选择:进行一次抽奖,抽中可得奖金 2 500 元,抽中概率为 20%,若抽不中,则上述 500 元也没有了。问老王是否应参加抽奖?

解:我们用最大期望值准则进行决策,其决策树如图 5-6 所示。

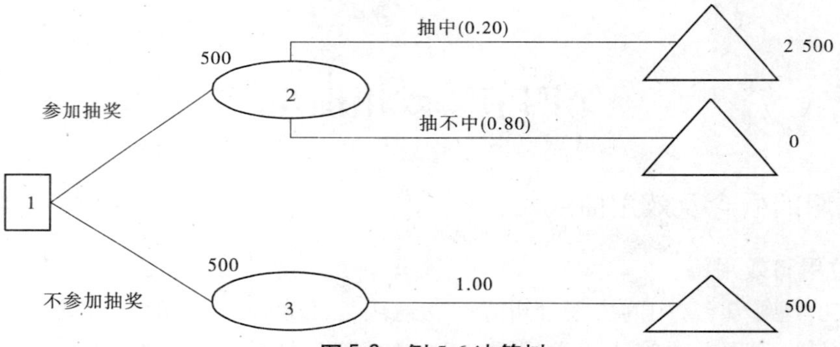

图 5-6　例 5-6 决策树

从图 5-6 可知,如果按最大期望值准则进行决策,参加抽奖和不参加抽奖的期望值是一样的。

但是,若老王是个偏于保守的人,则会选择不抽奖的方案。因为在老王看来,不抽奖实得的 500 元其价值(效用)要比以 20% 的概率得 2 500 元的价值(效用)来得大。

假若需要作出选择的不是偏于保守的老王,而是一个有冒险精神、经济上比较宽裕的年轻人小张。这时小张作出的选择很可能是参加抽奖。因为在小张看来,以 20% 的概率得 2 500 元的价值(效用)要比实得 500 元的价值(效用)来得大。

又假若同一个小张眼前手头不宽裕,正巧需要 500 元有急用,此时的小张却很可能选择同老王一样的不抽奖方案。

从例 5-5、例 5-6 来看,难道最大期望值准则是错误的吗? 不是。那么为什么会出现上述情况呢?

对于风险决策，各个方案中，每一个自然状态的发生是一个随机事件，对应的损益值也就是该随机事件的损益值。当我们按最大期望损益值作决策准则时，实际上已假定期望损益值（概率×损益值）相等的各个随机事件是等价的，具有相同的风险程度，且对不同的人具有相同的吸引力。因此，期望损益值相等的方案也是等价的，具有相同的风险程度，且对不同的人具有相同的吸引力。但从上述例子可看出，对不是大量反复进行的决策问题，而状态概率相差很大、涉及到的损益值也很大时，这个假定是不适用的。这类决策问题有以下特点：

（1）相同的期望损益值的不同方案之间，风险可能存在着很大的差异。即说明期望损益值不能完全反映方案的风险程度。

（2）同一随机事件对不同的决策者的吸引力可能完全不同，因此可能采取完全不同的决策。这与决策者个人的气质、冒险精神、经济状况、经验等主观因素有很大关系。

（3）即使同一个人在不同情况下对同一随机事件也会采取不同的态度。

上述特点集中说明，对不是大量反复进行的决策问题，尤其是状态概率相差很大、涉及到的损益值也很大的决策问题，损益值不能完全反映方案的风险程度。因此，我们还需要对各个随机事件的损益值作进一步分析，需要对相同的随机事件的损益值针对不同的决策者的效用进一步量化分析，即量化为不同的效用值。

在一个决策问题中，通常将决策者可能得到的最大收益值 V_{max}（或最小损失值 V_{min}）相应的效用指定为1（或100），而把能得到的最小收益值 V_{min}（或最大损失值 V_{max}）相应的效用值指定为0，见图5-7。那么，介于 V_{max} 和 V_{min} 之间的一个收益值 V 的效用值 V 是多少呢？

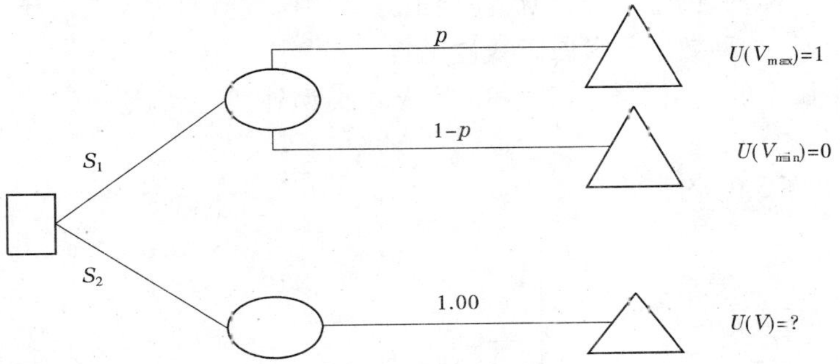

图5-7　效用分析

当询问决策者，p 等于多少时，你认为方案 S_1 与方案 S_2 是等效的时，偏于谨慎小心、不求大利、避免风险的保守型决策者和对收益敏感、谋求大利、不怕风险的冒险型决策者的回答肯定不同。这个 p 值就是收益值 V 的效用值。

对于例5-6，老王认为500元的效用大于以0.2的概率得到2 500、以0.8的概率得到0的效用，即效用值大于0.2。如果老王认为以0.2的概率得到2 500、以0.8的概率得到0的效用与得到400元的效用相同，以0.25的概率得到2 500、以0.75的概率得到0的效用与得到500元的效用相同，即

$$U(400)=0.2\times U(2\,500)+(1-0.2)\times U(0)=0.2$$

$$U(500)=0.25\times U(2\ 500)+(1-0.25)\times U(0)=0.25$$

而小张认为500元的效用小于以0.2的概率得到2 500、以0.8的概率得到0的效用,因此其决策也就不同。

(二)效用曲线

若以 x 代表损益值,以 U 代表 x 相应的效用值,则函数 $U(x)$ 即称为效用函数;若以 x 为横坐标,U 为纵坐标,画出效用函数 $U(x)$ 的图像,就得到了效用曲线(对某决策者而言)。实际中,也常常通过询问决策者得到若干个点的效用值,据此描出效用曲线,或进一步拟合出效用函数。

图5-8显示了甲、乙、丙三种不同类型的决策者的效用曲线。图5-8中的三条曲线有两个共同的交点,这是为了便于比较。

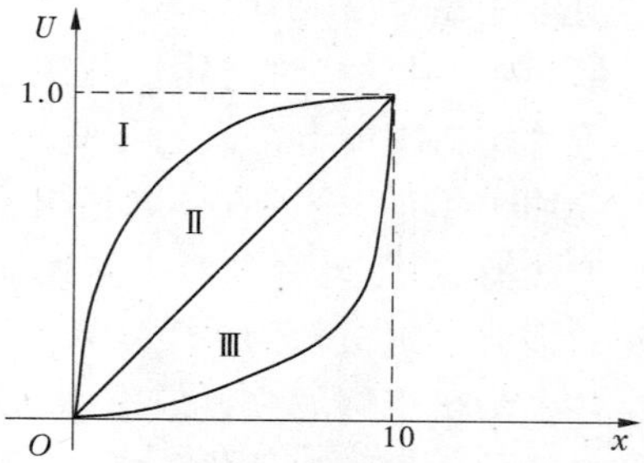

图5-8　效用曲线

曲线Ⅰ代表的是一种谨慎小心、不求大利、避免风险的保守型决策。其效用曲线开始时的切线斜率较大,以后逐渐减小。这表明当收益值比较小时,每增加单位收益时效用的增加量递减。这种决策者对损失比较敏感,而对收益的反应比较迟钝。从数学上说,这种效用函数属于凹函数。

曲线Ⅲ代表的决策者的特点恰与上述决策者相反。这种人对收益反应敏感,是一种不怕风险、谋求大利的冒险型决策者。从数学上说,这种效用函数属于凸函数。

曲线Ⅱ代表的是一种中间型决策者。对他们来说,不管是确定性事件还是随机事件,只要期望损益值一样,效用就一样,他们完全根据期望损益值的大小来选择自己的的行动方案。从数学上说,这种效用函数属于线性函数。

实际问题中做出的效用曲线,除上述三种基本类型外,常见的还有以下三种基本类型组合而成的类型:

(1) S型(见图5-9)。

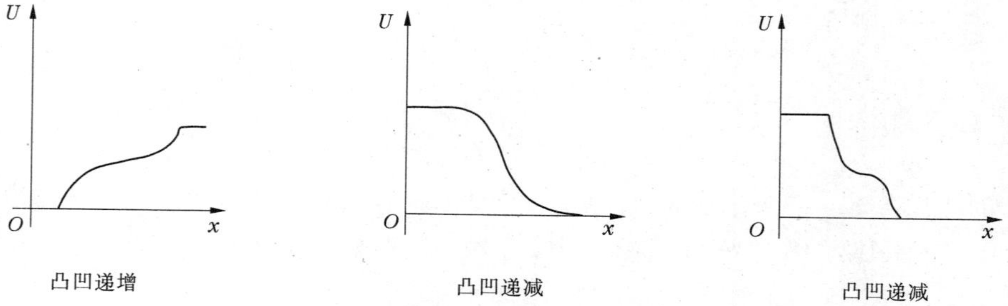

图5-9　S型效用曲线

(2) 三折型(见图5-10)。

(3) 突变型(见图5-11)。

二、最大期望效用值决策准则

对于一般的决策模型,如果能够进一步得到决策者对方案收益值的效用值,利用效用

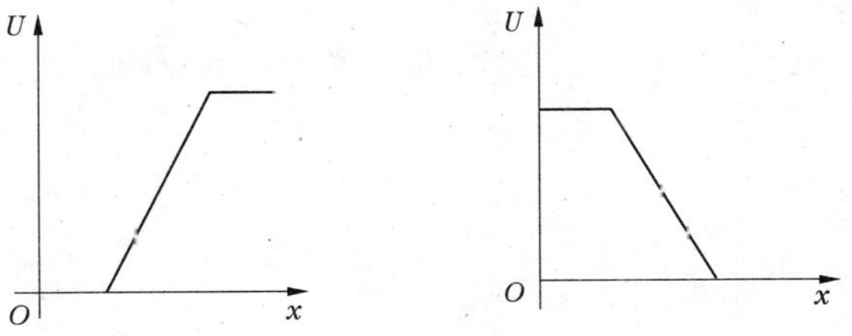

递增函数　　　　　　递减函数

图 5-10　三折型效用曲线

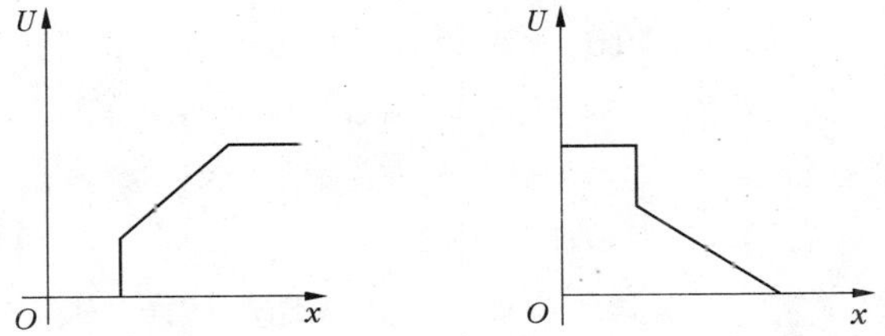

递增函数　　　　　　递减函数

图 5-11　突变型效用曲线

值进行决策必会更适合决策者的要求,此时应该采用最大期望效益值决策准则进行决策。

具体做法是,先根据决策者的主观价值确定每个损益值 a_{ij} 的效用值 r_{ij},进而确定最大期望效用值,最大期望效用值对应的方案就是决策者的最优方案,见表 5-20。

表 5-20　最大期望效用值决策准则

策略	效用值				$H_i=\sum_{j=1}^{n} r_{ij}p_j$	$\max\{H_i\}$
	$N_1(p_1)$	$N_2(p_2)$	…	$N_n(p_3)$		
S_1	r_{11}	r_{12}	…	r_{1n}	H_1	
S_2	r_{21}	r_{22}	…	r_{2n}	H_2	$S^*=S_k \leftarrow H_k=\max\{H_i\}$
⋮	⋮	⋮		⋮	⋮	
S_m	r_{m1}	r_{m2}	…	r_{mn}	H_m	

【例 5-7】　某工厂正在考虑两种可能的改革方案 S_1 与 S_2,有关的数据见表 5-21,表 5-21 中的损益值的单位为万元。

表 5-21　例 5-7 相关数据

策略	损益值		
	产品销路好(0.2)	产品销路一般(0.5)	产品销路差(0.3)
S_1	10	8	−1
S_2	8	6	1

已知反映该厂决策者的效用观念的资料如下：

(1)肯定地得到 8 万元等效于：以 0.9 的概率得到 10 万元和以 0.1 的概率损失 1 万元。

(2)肯定地得到 6 万元等效于：以 0.8 的概率得到 10 万元和以 0.2 的概率损失 1 万元。

(3)肯定地得到 1 万元等效于：以 0.25 的概率得到 10 万元和以 0.75 的概率损失 1 万元。

试用最大期望效用值准则进行决策。

解：令 $U(10)=100, U(-1)=0$，则：

$$U(8)=U(10)\times 0.9+U(-1)\times 0.1=90$$

$$U(6)=U(10)\times 0.8+U(-1)\times 0.2=80$$

$$U(1)=U(10)\times 0.25+U(-1)\times 0.75=25$$

因此，方案 S_1 的期望效用值为：$100\times 0.2+90\times 0.5+0\times 0.3=65$；方案 S_2 的期望效用值为：$90\times 0.2+80\times 0.5+25\times 0.3=65.5$。方案 S_2 为决策方案。

另外，用效用期望值作标准进行决策还有一个优点：对于不同量纲的目标，可以将它们都折算成效用值，然后相加，求各个方案的总效用值，从而进行决策。

【例 5-8】 某公司欲购置一批汽车，需考查两项指标：功率和价格。该公司决策者认为最合适的功率为 70 kW，若低于 55 kW 则不宜使用；而最满意的价格为 4.0 万元，若超过 5.6 万元则不能接受。而目前市场上能满足该公司基本要求的汽车型号有三种：Ⅰ、Ⅱ、Ⅲ。它们的功率与价格分别如表 5-22 所示。问该公司决策者该作何种决策？

表 5-22 例 5-8 相关数据

牌号	功率	价格
Ⅰ	60	4.1
Ⅱ	65	4.5
Ⅲ	70	5.2

解：这是一个多目标决策问题，功率与价格这两个目标互相矛盾。因为在表 5-22 中没有功率大但价格又低的，而且功率与价格量纲不同，无法用绝对数字进行比较。对此，可采用如下方法：应用效用理论，把每个方案的各个指标分别折算成效用值，然后加权相加，计算出每个方案的总的效用值后进行比较。

首先应用效用理论，给出该公司的决策者的功率效用曲线 $u(r)$ 与价格效用曲线 $v(r)$，然后再求出表 5-22 所列各点的效用值，其结果如表 5-23 所示。

表 5-23 例 5-8 效用值

功率	功率效用($u(r)$)	价格	价格效用($v(r)$)
55	0	4.0	1.0
60	0.45	4.1	0.90
65	0.80	4.5	0.75
70	1.0	5.2	0.20
		5.6	0

又通过询问，已知决策者对功率与价格这两个目标的权重并不相等，功率权重为0.6，价格权重为0.4。因此，可作出决策树，如图5-12所示。

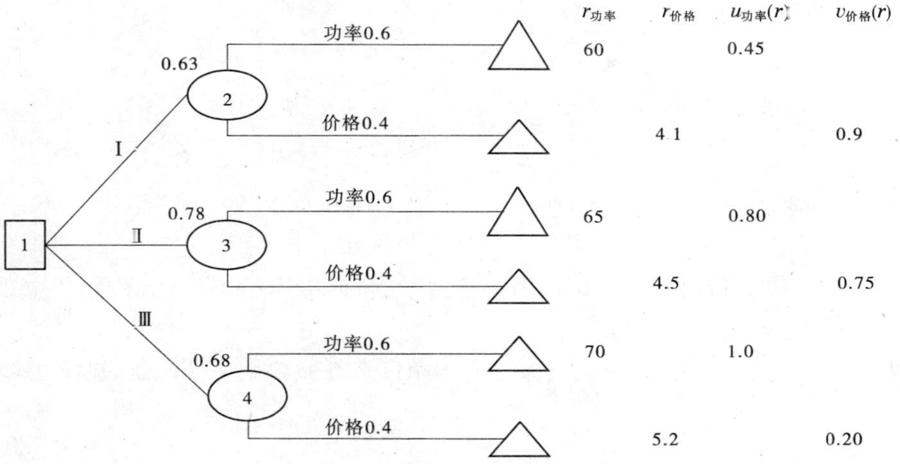

图5-12　例5-8决策树

计算各结点的效用期望值：

$$u(\text{I}) = 0.6 \times 0.45 + 0.4 \times 0.9 = 0.63$$

$$u(\text{II}) = 0.6 \times 0.8 + 0.4 \times 0.75 = 0.78$$

$$u(\text{III}) = 0.6 \times 1.0 + 0.4 \times 0.20 = 0.68$$

因此该决策者应选择第Ⅱ种牌号的车型。

第五节　层次分析法

一、问题的提出

前面我们讨论的运筹决策问题和方法都是针对一个直接目标将若干个方案量化求解，而在实际中还会经常遇到中间经过若干个评判准则，对难以直接量化的方案进行评判、决策的问题，如本章第四节中的例5-8，其示意图见图5-13。

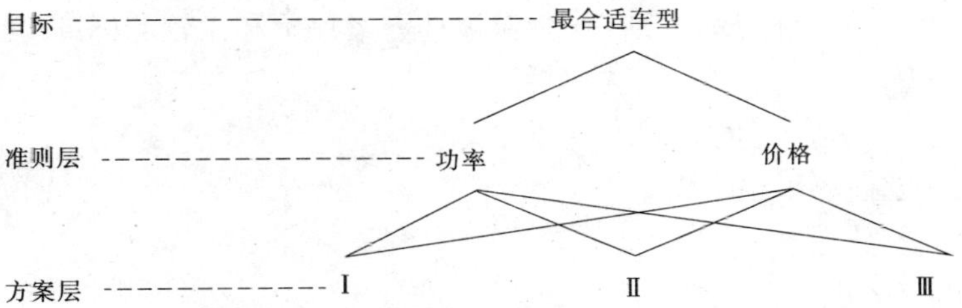

图5-13　车型决策问题

显然，通常难以直接对Ⅰ、Ⅱ、Ⅲ种车辆关于功率、价格给出量化值，对Ⅰ、Ⅱ、Ⅲ种车辆作两两比较则相对容易。

再看下面几个决策问题。

问题1：某学校根据教师的教学、科研情况对教师的业务能力进行考核，见图5-14。

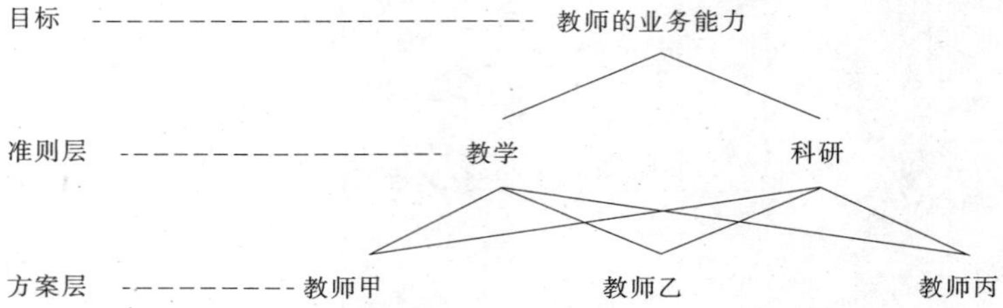

图5-14　教师考核问题

显然，我们难以直接对教师甲、乙、丙关于教学、科研能力给出量化值，而凭主观对教师甲、乙、丙两两比较则相对容易。

问题2：根据景色、费用、居住、饮食、旅途等条件选择旅游地Ⅰ、Ⅱ、Ⅲ，见图5-15。

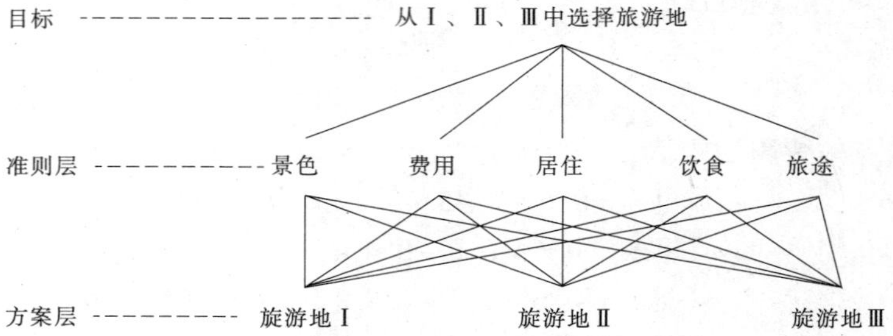

图5-15　旅游地选择问题

同样，我们难以直接对旅游地Ⅰ、Ⅱ、Ⅲ关于景色、费用、居住、饮食、旅途给出量化值，而凭主观对旅游地Ⅰ、Ⅱ、Ⅲ两两比较则相对容易。

问题3：某城市闹市区域的一个商场附近，由于顾客过于稠密，常常造成车辆堵塞以及各种交通事故。市政府决定改变闹市区的交通环境。经约请各方专家研究，制订出如下三种可选方案，见图5-16。

A1：在商场附近修建一座天桥，供行人横穿马路；

A2：在商场附近修建一条地下人行道；

A3：搬迁商场。

另外，以下5个分目标（即准则）作为对被选方案评价和比较的标准。

C1：通车能力；

C2：方便过往行人及当地居民；

C3：新建或改建费用不能太高；

C4：具有安全性；

C5：保持市容美观。

同样，我们难以直接对方案 A_1、A_2、A_3 关于 C_1、C_2、C_3、C_4、C_5 5个准则给出量化值，而凭主观对方案 A_1、A_2、A_3 两两比较则相对容易。

对于上述决策问题，美国著名运筹学家、匹兹堡大学教授萨蒂（T. L. Saaty）于20世纪

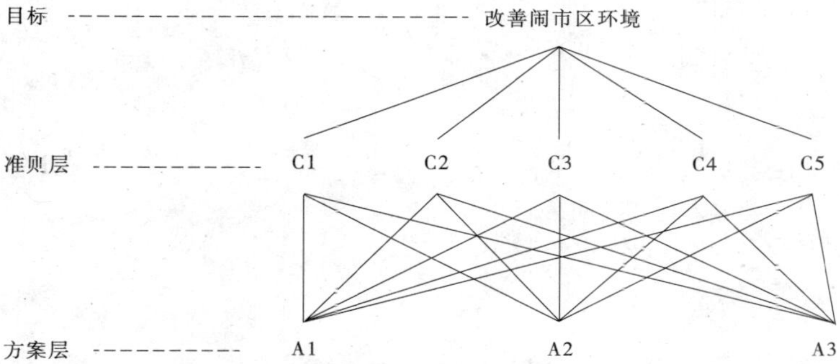

图 5-16 改善闹市区环境方案选择问题

70 年代提出了层次分析法(Analytic Hierarchy Process,简称 AHP 法),将定量、定性相结合的 AHP 法很好地解决了这类决策问题。下面我们介绍 AHP 法的基本思想和使用方法。

二、AHP 法

(一) AHP 法的模型

上述决策问题可以抽象为如图 5-17、图 5-18 所示的层次结构模型。

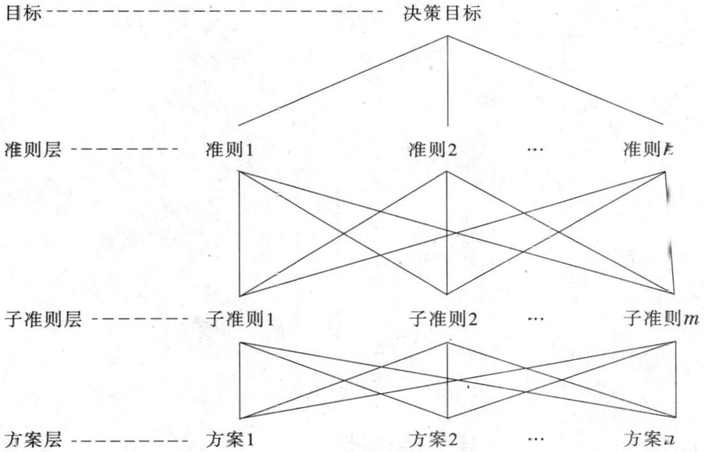

图 5-17 层次结构模型

以下讨论以该模型为基础。

(二) AHP 法的计算原理

若已知各准则层对决策目标的重要顺序或权重 $a_1, a_2, \cdots, a_m$ 和各个方案对第 i 个准则的权重 $x_{i1}, x_{i2}, \cdots, x_{in}(i = 1,2,\cdots,m)$,则可以计算出各个方案相对于决策总目标的权重,即

$$\sum_{i=1}^{m} a_i x_{i1}, \sum_{i=1}^{m} a_i x_{i2}, \cdots, \sum_{i=1}^{m} a_i x_{in}$$

从而确定出各个方案对决策目标的优劣次序。

而在实际中,准则层对决策目标的权重容易确定或是已知的,而各个方案对准则的权

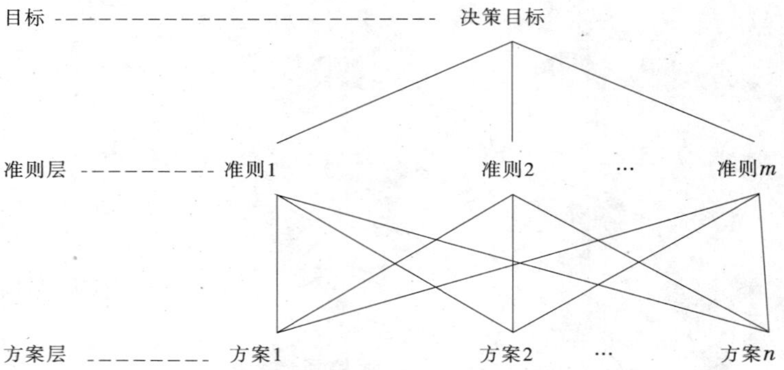

图 5-18　简化后的层次结构模型

重难以量化和确定。所以,解决这一问题的关键就在于如何确定各个方案对准则的权重 $x_{i1},x_{i2},\cdots,x_{in}(i=1,2,\cdots,m)$,为此先考虑准则 1,见图 5-19。

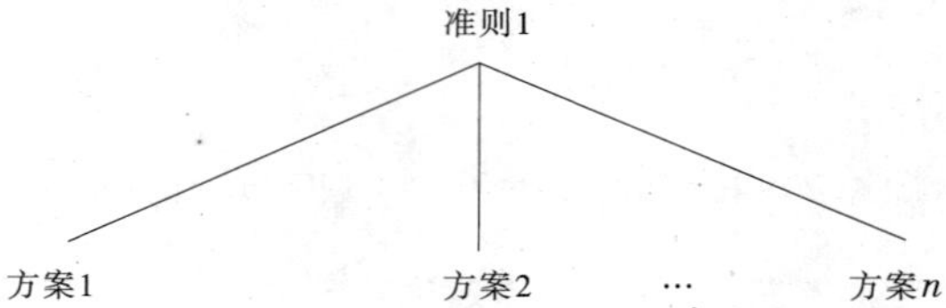

图 5-19　各方案对准则 1 的权重

若已知 $x_{11},x_{12},\cdots,x_{1n}$,则称矩阵

$$\boldsymbol{B}=\begin{pmatrix}\frac{x_{11}}{x_{11}} & \frac{x_{11}}{x_{12}} & \cdots & \frac{x_{11}}{x_{1n}}\\ \frac{x_{12}}{x_{11}} & \frac{x_{12}}{x_{12}} & \cdots & \frac{x_{12}}{x_{1n}}\\ \vdots & \vdots & & \vdots\\ \frac{x_{1n}}{x_{11}} & \frac{x_{1n}}{x_{12}} & \cdots & \frac{x_{1n}}{x_{1n}}\end{pmatrix}=\begin{pmatrix}b_{11} & b_{12} & \cdots & b_{1n}\\ b_{21} & b_{22} & \cdots & b_{2n}\\ \vdots & \vdots & & \vdots\\ b_{n1} & b_{n2} & \cdots & b_{nn}\end{pmatrix}$$

为判断矩阵,且满足 $b_{ij}=\frac{b_{ik}}{b_{jk}}$,称 $\boldsymbol{B}$ 具有一致性。

由矩阵理论,具有一致性的上述矩阵存在唯一非零的最大特征值 $\lambda_{\max}=n$,其特征向量归一化(单位化:$\sum_{j=1}^{n}x_{1j}^2=1$;归一化:$\sum_{j=1}^{n}x_{1j}=1$)后即为 $x_{11},x_{12},\cdots,x_{1n}$,即解 $\boldsymbol{BX}=n\boldsymbol{X}$ 得 x_{11},$x_{12},\cdots,x_{1n}$。

而实际中我们往往不知道 $x_{11},x_{12},\cdots,x_{1n}$,而是人为地确定出 $x_{11},x_{12},\cdots,x_{1n}$ 的比值,即采用一定的规范(如五标度法)人为地确定出相对于准则 1,方案 i 的重要性为 x_i,方案 j 的重要性为 x_j,则

$$b_{ij}=\frac{x_i}{x_j}\quad(\text{一般 } x_i\in\{1,3,5,7,9\})$$

从而构成实际中的判断矩阵 $\overline{\boldsymbol{B}}$,求解

$$(\overline{\boldsymbol{B}} - \overline{\lambda}_{\max}\boldsymbol{E})\overline{\boldsymbol{X}} = 0$$

得到特征值和特征向量,进而得出各方案对准则 1 的权重 $\overline{\boldsymbol{X}} = (\overline{x}_{11}, \overline{x}_{12}, \cdots, \overline{x}_{1n})^{\mathrm{T}}$。当 $\boldsymbol{B}$ 与 $\overline{\boldsymbol{B}}$ 完全一致时,$\overline{\lambda}_{\max}$ 和 $\overline{\boldsymbol{X}}$ 与上述理想中的 $\lambda_{\max} = n$ 和 $\boldsymbol{X}$ 相同。而实际中,人为确定的 $\boldsymbol{B}$ 与 $\overline{\boldsymbol{B}}$ 有误差,因而 $\overline{\boldsymbol{X}}$ 与 $\boldsymbol{X}$ 也有误差,并采用下面的一致性指标 C_I 来检验

$$C_I = \frac{\overline{\lambda}_{\max} - n}{n - 1}$$

说明:五标度法即采用 5 个数字表示方案的相对重要性,其意义如下:1 表示方案 i 与方案 j 重要性相同;3 表示方案 i 比方案 j 稍重要;5 表示方案 i 比方案 j 明显重要;7 表示方案 i 与方案 j 很重要;9 表示方案 i 比方案 j 极端重要;

为了检验矩阵是否有一致性,还需要将一致性指标 C_I 与平均随机一致性指标 R_I 进行比较。对于 1 ~9 阶矩阵,R_I 的值见表 5-24。

表 5-24 平均随机一致性指标 R_I 值

阶数	1	2	3	4	5	6	7	8	9
R_I	0	0	0.58	0.90	1.12	1.24	1.32	1.41	1.45

当 $n \leqslant 2$ 时,判断矩阵总是完全一致的,R_I 只有形式上的意义。$n > 2$ 时,计算一致性比例

$$C_R = \frac{C_I}{R_I}$$

并认为当 $C_R < 0.1$ 时,$\overline{\boldsymbol{B}}$ 具有满意的一致性,否则要对 $\overline{\boldsymbol{B}}$ 进行调整。

(三) AHP 法的计算步骤

AHP 法的计算步骤如下:

(1) 构造判断矩阵 $\boldsymbol{B}_i (i = 1, 2, \cdots, m)$。

(2) 求解 $\boldsymbol{B}_i (i = 1, 2, \cdots, m)$ 的最大特征值及特征向量。

(3) 判断矩阵 $\boldsymbol{B}_i (i = 1, 2, \cdots, m)$ 的一致性检验 $C_{Ri} = \dfrac{C_{Ii}}{R_{Ii}}$。

(4) 组合一致性检验 $C_R = \dfrac{C_I}{R_I}$,其中,$C_I = \sum\limits_{i=1}^{m} a_i C_{Ii}$,$R_I = \sum\limits_{i=1}^{m} a_i R_{Ii}$。

可见,AHP 法计算的根本问题是如何计算矩阵的特征值及其对应的特征向量。一般来说,计算中判断矩阵的特征值及其对应的特征向量并不需要追求较高的精度。这是因为判断矩阵本身具有相当的误差范围,AHP 法给出的权重值从本质上来说仅仅是表达某种定性的概念。因此,可以采用近似计算方法。

(四) 求解判断矩阵的最大特征值及特征向量的近似值的算法

常用的算法有以下几种。

算法一:和积法。

(1) 将矩阵 $\boldsymbol{B}_i (i = 1, 2, \cdots, n)$ 的每一列向量归一化

$$\overline{b_{ij}} = \frac{b_{ij}}{\sum_{k=1}^{n} b_{kj}} \quad (i,j = 1,2,\cdots,n)$$

(2)按行求和列向量

$$\bar{x}_i = \sum_{j=1}^{n} \overline{b_{ij}} \quad (i = 1,2,\cdots,n)$$

(3)将向量 $\bar{x} = (\bar{x}_1, \bar{x}_2, \cdots, \bar{x}_n)$ 归一化

$$x_i = \frac{\bar{x}_i}{\sum_{k=1}^{n} \bar{x}_k} \quad (i = 1,2,\cdots,n)$$

则 $x = (x_1, x_2, \cdots, x_n)$ 即为所求特征向量。

(4)$\lambda = \frac{1}{n} \sum_{i=1}^{n} \frac{(\boldsymbol{B}x)_i}{x_i}$作为 $\lambda_{\max}$ 的近似值,$(\boldsymbol{B}x)_i$ 表示 $\boldsymbol{B}x$ 的第 i 个分量。

算法二:方根法。

(1)计算判断矩阵 $\boldsymbol{B}_i (i = 1,2,\cdots,n)$ 的每一行元素的乘积 M_i

$$M_i = \prod_{i=1}^{n} b_{ij} \quad (i = 1,2,\cdots,n)$$

(2)计算 M_i 的 n 次方根 $\bar{x}_i$

$$\bar{x}_i = \sqrt[n]{M_i} \quad (i = 1,2,\cdots,n)$$

(3)将向量 $\bar{x} = (\bar{x}_1, \bar{x}_2, \cdots, \bar{x}_n)$ 归一化

$$x_i = \frac{\bar{x}_i}{\sum_{k=1}^{n} \bar{x}_k} \quad (i = 1,2,\cdots,n)$$

则 $x = (x_1, x_2, \cdots, x_n)$ 即为所求特征向量。

(4)计算最大特征值 $\lambda_{\max}$

$$\lambda_{\max} = \frac{1}{n} \sum_{i=1}^{n} \frac{(\boldsymbol{B}x)_i}{x_i}$$

算法三:幂法。

(1)给定精度 $\varepsilon > 0$,任意取与判断矩阵 $\boldsymbol{B}_i (i = 1,2,\cdots,n)$ 同阶的归一化的初始向量 W^0。

(2)计算

$$\overline{W}^{k+1} = \boldsymbol{B}_i W^k$$

$$W^{k+1} = \frac{\overline{W}^{k+1}}{\sum_{i=1}^{n} \overline{W}_i^{k+1}}$$

$$k = 0,1,2,\cdots$$

(3)若对 $i = 1,2,\cdots,n$, $|\overline{W}_i^{k+1} - \overline{W}_i^{k}| < \varepsilon$ 成立,则 $x = W^{k+1}$ 即为所求特征向量。

(4)计算最大特征值 $\lambda_{\max}$

$$\lambda_{\max} = \frac{1}{n} \sum_{i=1}^{n} \frac{(\boldsymbol{B}x)_i}{x_i}$$

第六章　图与网络分析模型

在实际生产和社会生活中，存在着大量与几何位置及其相关属性有联系的最优化决策问题，下面给出几个这样的例子。

（1）哥尼斯堡七桥问题。

18 世纪的德国哥尼斯堡（现俄罗斯兰加里宁格勒）中有一条河叫普雷格尔河，河中有两个小岛，河上有七座桥把普雷格尔河中两个小岛与河岸连接起来，如图 6-1 所示。

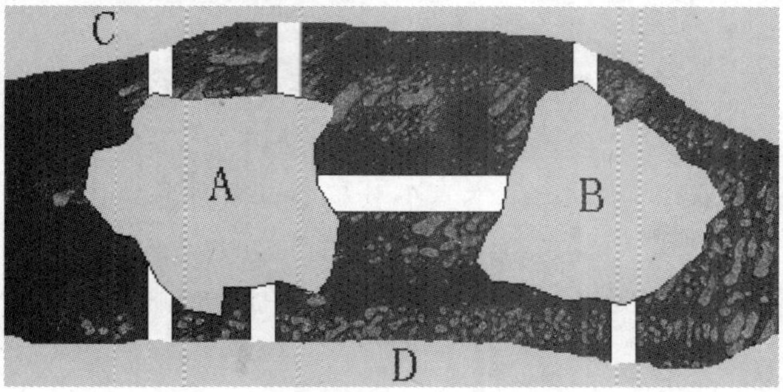

图 6-1　哥尼斯堡七桥

当时那里的人们热衷于这样的游戏：从河岸或岛上任何一个地方开始，能否通过每一座桥一次且仅一次回到原地。没有人想出这种走法，又无法说明走法不存在。直到 1736 年，瑞士数学家欧拉（E. Euler）发表了一篇题为"依据几何位置的解题方法"的论文，有效地解决了哥尼斯堡七桥问题，并总结出更为一般的"一笔画"问题。这是有记载的第一篇图论论文，所以，欧拉被认为是图论的创始人。

（2）中国邮递员问题。

一个邮递员，负责某地区的信件投递。他每天要从邮局出发，走遍该地区所有街道再返回邮局，如何安排送信路线可以使邮递员所走的路程最短？

这个问题由我国管梅谷教授 1962 年首先提出，因此国际上通称为中国邮递员问题。

（3）最短路问题。

图 6-2 中 v_1、v_2、v_3、v_4、v_5、v_6、v_7、v_8 分别表示 8 个城市，城市间的距离如图 6-2 中所示，求从城市 v_1 到其他各城市之间的最短距离。

（4）最大流问题。

若图 6-2 表示的是一个从 v_1 输出到 v_8 的石油管道，图中的数据表示管道流量的最大值，那么，从 v_1 到 v_8 的最大流量是多少？

实际中，存在许多现实的网络，如电力网、通信网、铁路网、供水网、供气网等；在军事活动中，还有供应网、道路网等保障网络。这些现实的网络中都存在许多最优化决策问题，为了研究和解决这些最优化决策问题，可以撇开网络反映的具体意义，用数学上的点和线抽象表示它们，即构成了所谓的图与网络模型，进而产生了网络分析的理论和方法，

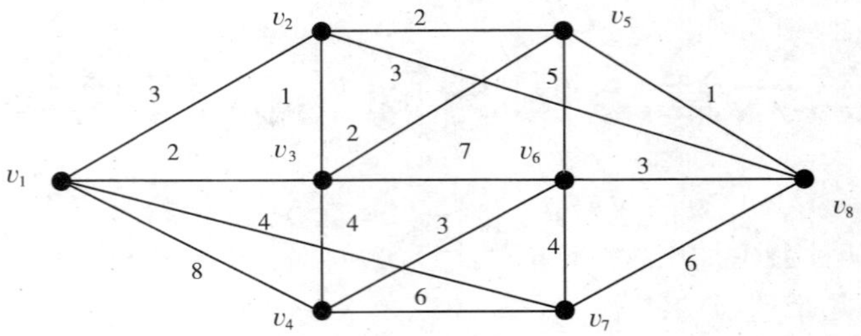

图 6-2 最短路问题

这些构成了运筹学的一个重要分支。本章主要介绍图与网络的一些基本概念，然后介绍图与网络中的几个常用的最优化决策问题的分析方法与算法。

第一节 图的基本概念

如上所述，我们用数学中的点、线来表示和反映实际中的事物及其相互间的关系，这样就得到各种各样的图和网络。

一、图与有向图

一般地，我们给出如下定义。

（一）图与有限图

（1）图：是由一些点和连接这些点的若干线段组成的。这些点称为图的顶点，用 $v=\{v_1,v_2,\cdots,v_n\}$ 表示顶点集，这些线段称为图的边，用 $E=\{e_1,e_2,\cdots,e_m\}$ 表示全部边的集合，则图 G 可以表示为 $G=G(V,E)$。

（2）有限图：图 $G=G(V,E)$ 中 V 和 E 均为有限个。

（3）端点与关联：若边 e_k 连接两个顶点 v_i 和 v_j，则称 v_i、v_j 为边 e_k 的两个端点，e_k 与 v_i、v_j 相关联，v_i 与 v_j 相邻。

（4）自回路、平行边、孤立点：两端点重合的边称为自回路；具有相同的端点边称为平行边；不与任何边关联的点称为孤立点。

图 6-3 中边 e_3 为自回路，e_7 与 e_8 为平行边，v_6 为孤立点。

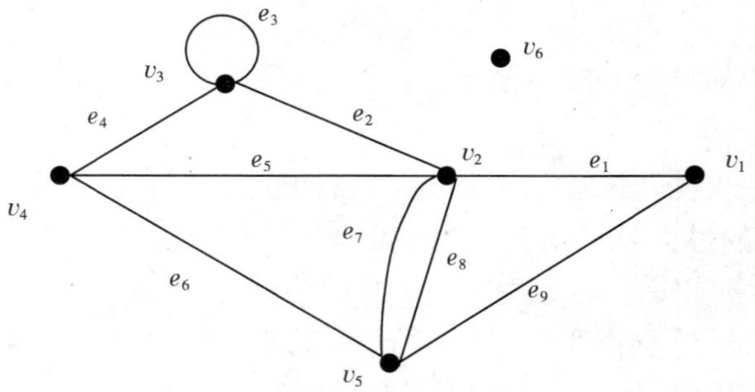

图 6-3 自回路、平行边、孤立点

(二)简单图与多重图

(1)简单图:若图 $G=G(V,E)$ 中无自回路,又无平行边,则称其为简单图。

(2)多重图:若图 $G=G(V,E)$ 中含有平行边,则称其为多重图。

(3)完全图:不含孤立点的简单图。

判断图 6-4 ~ 图 6-6 是否是简单图、多重图和完全图。

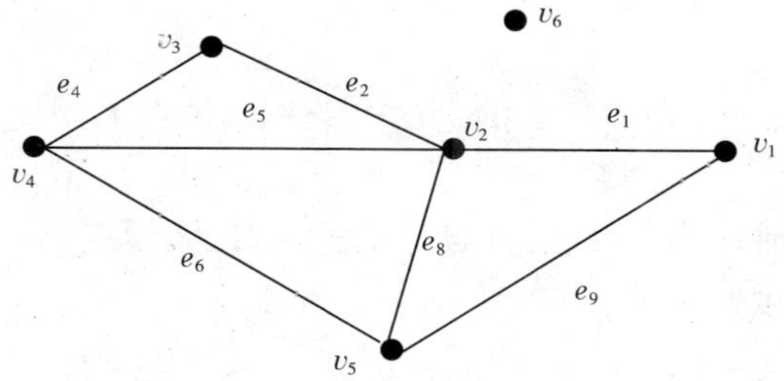

图 6-4　判断图 1

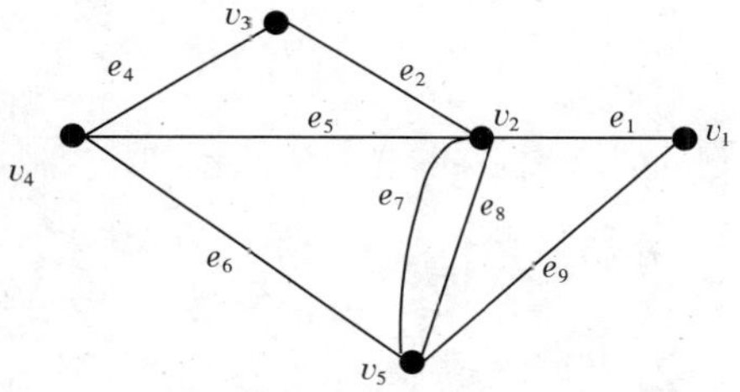

图 6-5　判断图 2

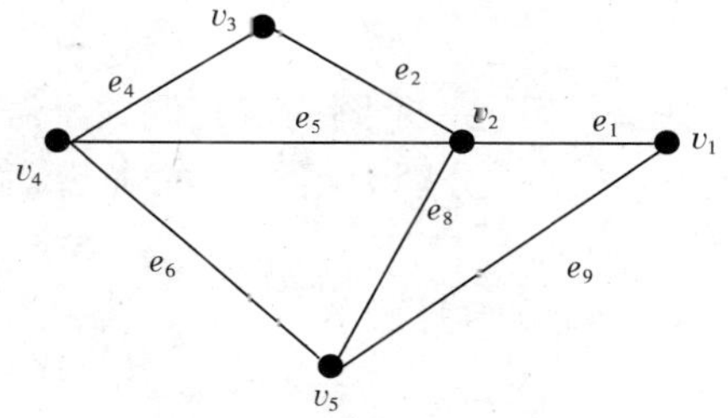

图 6-6　判断图 3

(三)子图、生成子图

(1)子图:对图 $G=G(V,E)$,若有图 $G_1=G(V_1,E_1)$,且 $V_1\subseteq V,E_1\subseteq E$,则称 G_1 为 G 的子图。

(2)生成子图:若 G_1 为 G 的子图,且 $V_1=V$,则称 G_1 为 G 的生成子图。

判断图 6-4、图 6-5 是否是图 6-3 的子图、生成子图。

(四)有向图

(1)有向图:若图 G 中的边都是有方向的,则称 G 为有向图,如图 6-7 所示。

(2)弧:有向图中的边称为弧。

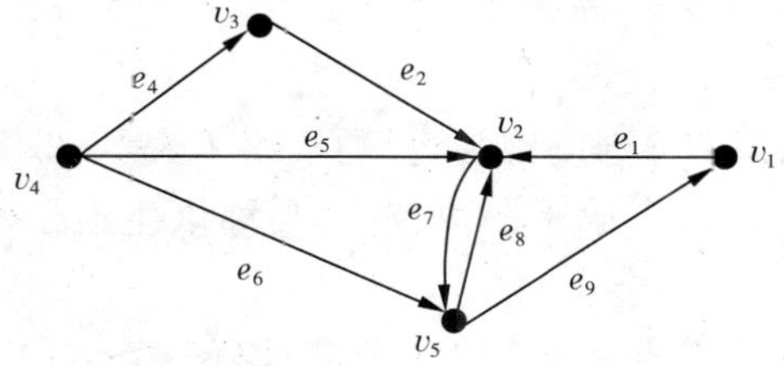

图 6-7　有向图

(五)赋权图

(1)赋权图:图 $G=G(V,E)$ 中各边都赋有一个实数 $w(e)$,则称 G 为赋权图并记为 $G=G(V,E,W)$。

(2)有向赋权图:若赋权图 G 为有向图,则称其为有向赋权图。

二、图中顶点的度数

(一)定义

(1)度数:图 G 中以顶点 V 为端点的边的个数称为顶点 V 的度数,记为 $d(v)$(约定自回路计算两次)。

(2)奇、偶顶点:度数为奇、偶数的顶点分别称为奇、偶顶点。

图 6-3 中各顶点的度数为多少?

(二)定理

关于图中边、度数有两个重要结论:

定理 1　图 $G=G(V,E)$ 中所有点的度数之和是边数的 2 倍,即

$$\sum_{v\in V} d(v) = 2|E|$$

定理 2　任意一个图一定有偶数个奇顶点。

证:设 V_1、V_2 分别为图 G 中的奇、偶顶点集合,则

$$\sum_{v\in V} d(v) = \sum_{v\in V_1} d(v) + \sum_{v\in V_2} d(v) = 2|E|$$

$$\sum_{v\in V_1} d(v) = 2|E| - \sum_{v\in V_2} d(v)$$

所以,G 有偶数个奇顶点。

三、路与回路

(1)路:图中首尾相接的一串边的集合称为路,通常用顺序的点或边来表示。

(2)回路:起点与终点为同一顶点的路称为回路(或圈)。

(3)连通图:任意两个顶点都存在一条路与之相连的图。

图 6-3 中 $\{e_1,e_2,e_4\}$(或 $\{v_1,v_2,v_3,v_4\}$)是一条路,而图 6-7 中 $\{e_1,e_2,e_4\}$ 则不是一条路。图 6-3 中 $\{v_1,v_2,v_3,v_4,v_5,v_1\}$ 是一个回路,而图 6-7 中 $\{v_1,v_2,v_3,v_4,v_5,v_1\}$ 不是一个回路。

四、树与生成树

(1)树:不存在任何回路的连通图称为树,通常用 T 表示,即 $T=T(V,E)$。

(2)生成树:若连通图 G 的生成子图为树 T,则称该生成子图 T 为连通图 G 的生成树。

(3)树的性质:①树中任意两个顶点之间至多只有一条边;②树中边数等于树的顶点数减 1;③树中任意去掉一条边,便得到一个不连通图;④树中任意添加一条边,就会构成一个回路。

图 6-9、图 6-10 都是树，但只有图 6-10 是图 6-8 的生成树。

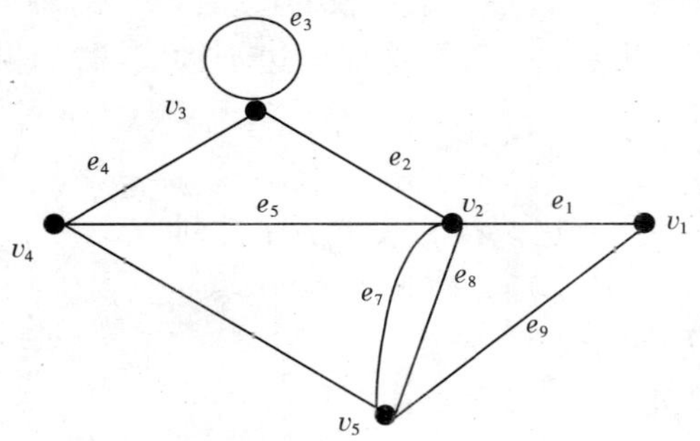

图 6-8　连通图

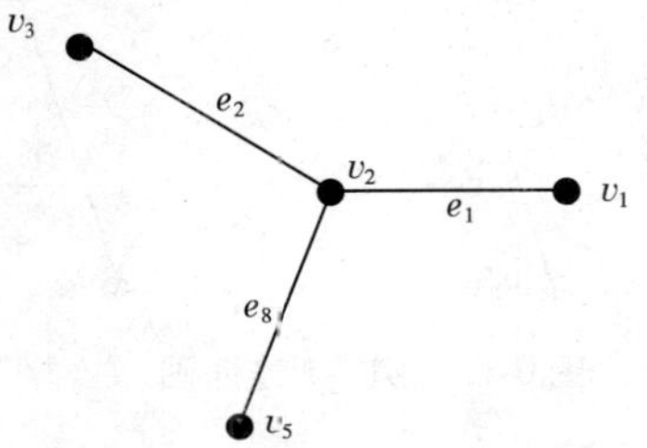

图 6-9　树

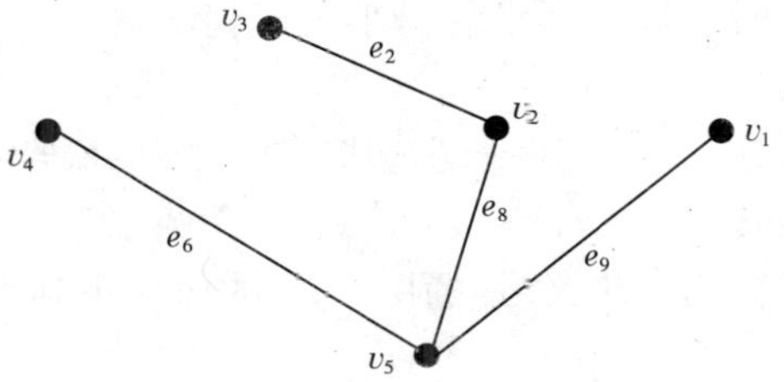

图 6-10　生成树

五、最小生成树问题

(一)定义

设 $G=G(V,E,W)$ 为一个连通赋权图，$T(V,E_1)$ 为 G 的一棵生成树，其各边权数之和 $W(T)=\sum_{e_i\in E_1}w(e_i)$ 称为树 T 的权，权数最小的生成树 T^* 称为图 G 的最小生成树(又称最小支撑树)。

如图 6-11 所示是一个树，其权数为：$3+7+12+8=30$。

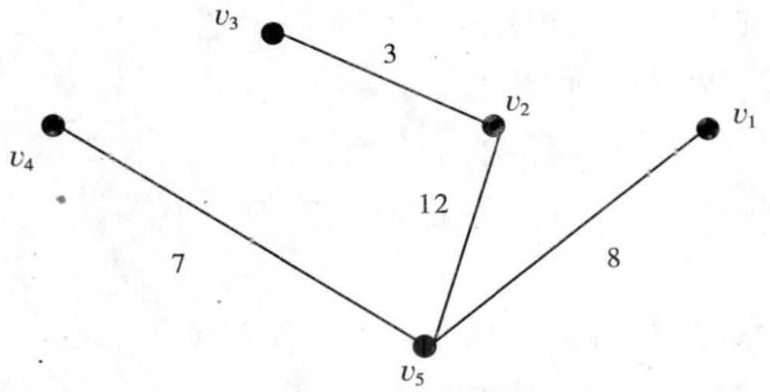

图 6-11　赋权树

(二)求最小生成树的算法

在图与网络模型中，求连通图的最小生成树又称为最小生成树问题，其算法主要有以下两个：避圈法和破圈法，下面分别介绍之。

1. 避圈法——Kruskal(1956 年提出)算法

Kruskal 算法的思想是:开始选一条最小权的边,在以后的每一步中,总是从未被选取的边中选一条权最小的边,并使之与已经选取的边不构成圈,如果同时有几条可选,则可从中任选一条。

具体步骤如下。

第一步:将连通图 G 的所有边按权的大小顺序排列

$$w(e_{i1}) \leqslant w(e_{i2}) \leqslant \cdots \leqslant w(e_{im})$$

并取权数最小的一边为 T 中的边。

第二步:按前后次序加入尚未选过的边,若该边与已经选进 T 的边形成回路,则舍去该边继续往下选取,否则把该边也选进 T。

重复第二步,直至有 $|V|-1$ 条边取进 T 为止,此时 T 即为所求的最小生成树 T^*($|V|$为 G 的顶点数)。

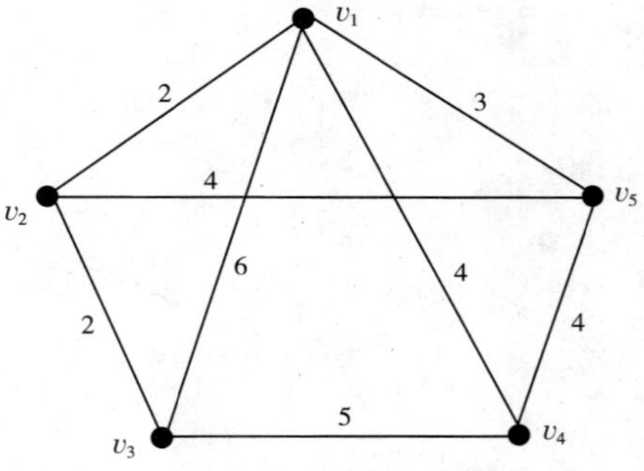

图 6-12　例 6-1 连通图

【例 6-1】　用避圈法求图 6-12 的一棵最小生成树。

解:第一步:将连通图 6-12 的边从小到大排序为

$$e_1(v_1,v_2) \leqslant e_2(v_2,v_3) \leqslant e_3(v_1,v_5) \leqslant e_4(v_2,v_5) \leqslant e_5(v_1,v_4)$$
$$\leqslant e_6(v_4,v_5) \leqslant e_7(v_3,v_4) \leqslant e_8(v_1,v_3)$$

并取 $T=\{e_1(v_1,v_2)\}$。

第二步:按照上述顺序依次从未被选取的边中选取边进入 T,同时不形成圈,当选取 4 次后即得到图的最小生成树为

$$T^* = \{e_1(v_1,v_2),e_2(v_2,v_3),e_3(v_1,v_5),e_5(v_1,v_4)\}$$

对应的树为图 6-13,$W(T^*)=11$。

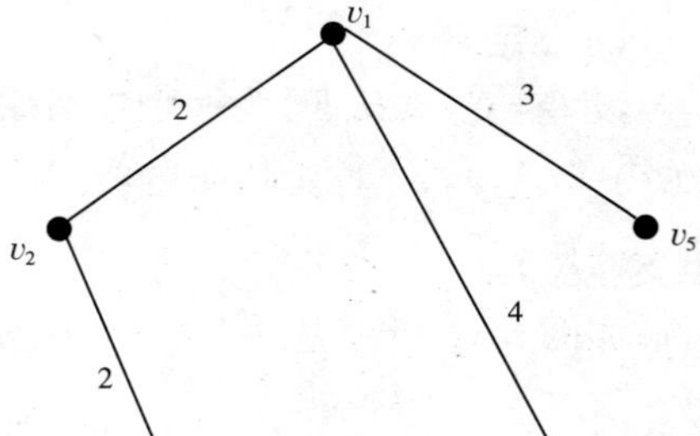

图 6-13　例 6-1 最小生成树

2. 破圈法

破圈法的思想是:对 $G(V,E,W)$,任意选取一个圈,从圈中去掉一条权数最大的边(如果同时有几条这样的边,则任去一条),在余下的图中重复这一步骤,直至一个不含圈的图为止,此时的图便是图 G 的最小生成树 T^*。

【例 6-2】　用破圈法求例 6-1 中图的一棵最小生成树。

解:按照破圈法的方法,求解过程如图 6-14 所示。图 6-14(e)为所求的一棵最小生成树。

【例 6-3】　如图 6-15 所示,A、B、C、D 为四个部队的驻守地,现计划在它们之间建立通信线路,其造价如图中标识,试求一个费用最小的通信架线方案。

解:该问题即为最小生成树问题,利用破圈法或避圈法求解得到该通信线路图的一棵

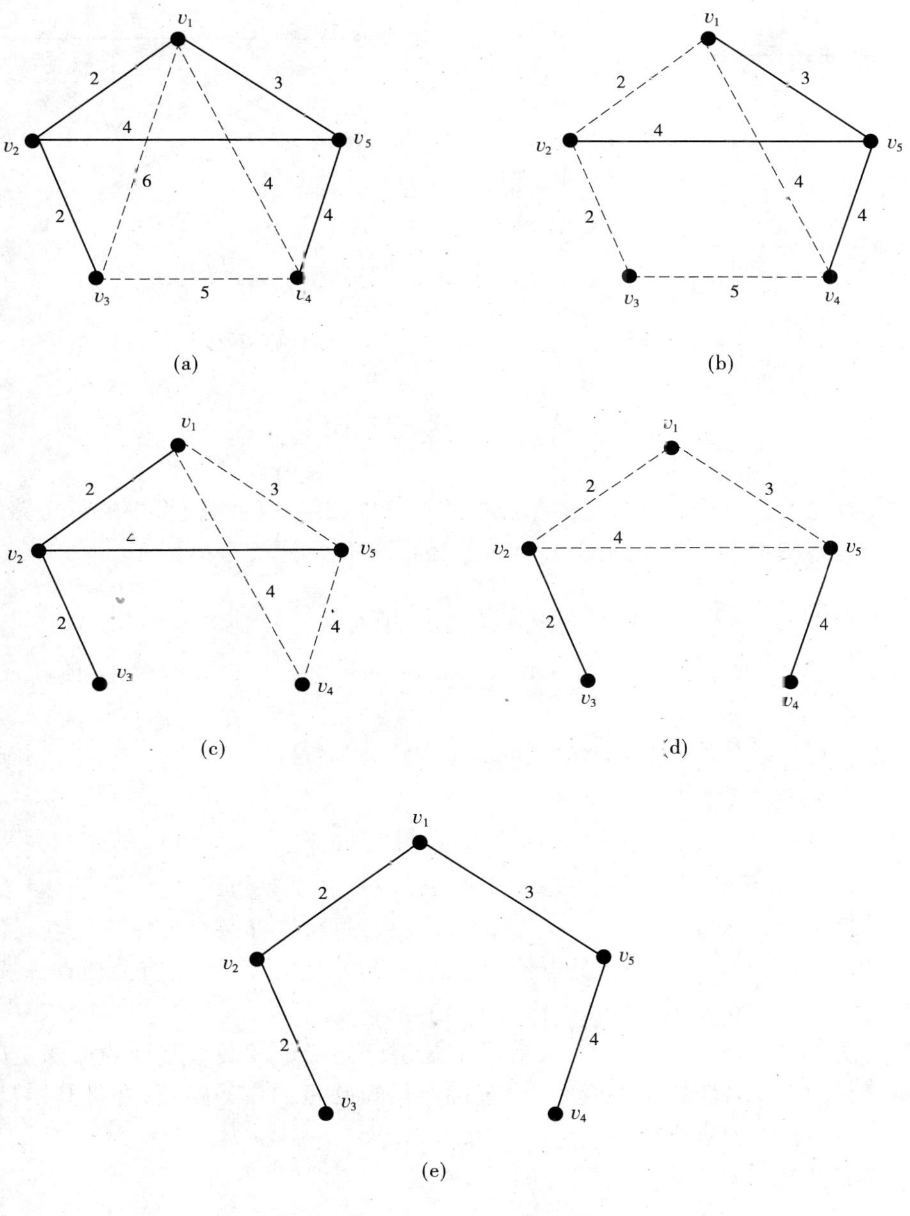

图 6-14　例 6-2 求解过程

最小生成树，如图 6-16 所示。

由此可得最小费用为 7。

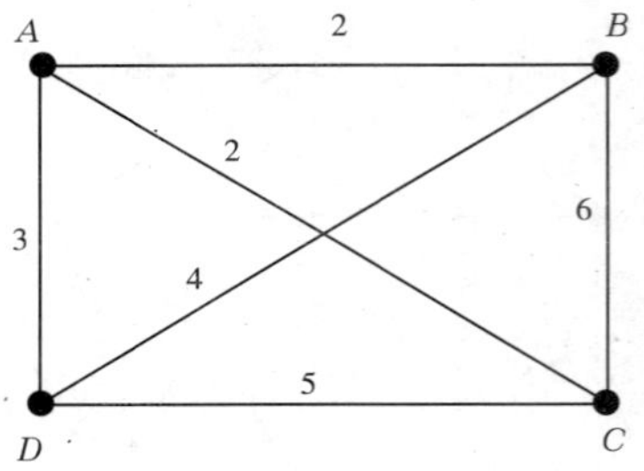

图 6-15　例 6-3 示意图

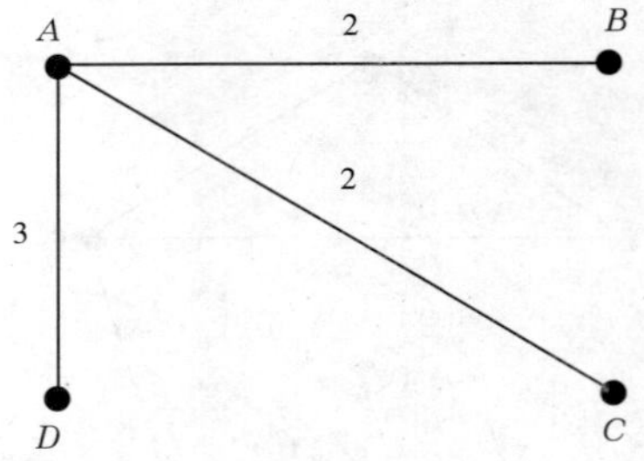

图 6-16　例 6-3 最小生成树

第二节　最短路问题

在许多领域中所出现的最优化问题最终通常可以归结为网络模型中的最短路问题，本节将介绍求解图中一个顶点到其他顶点之间的最短路问题的基本算法。

一、狄克斯特拉算法（Dijkstra 1959 年提出）

最短路问题：设图 $G=G(V,E,W)$ 中，$w_{ij}\geqslant 0$，w_{ij} 表示边 $e_{ij}(v_i,v_j)$ 的权，求顶点 v_1 到其他顶点 v_j 之间的最短路。

狄克斯特拉算法是求解最短路问题的基本而有效的算法。

（一）算法的基本思想

求解一棵以 v_1 为初始点（树根）的最短路径树（树上每个顶点到 v_1 的路均为两点间的最短路），即从 v_1 开始，由近到远，逐步求出 v_1 到各顶点的最短路。

实现该思想的具体过程是：从 v_1 开始，由近到远，每次选择一个最短路径点 v_k（从 v_1 开始，只经过已经确定其最短路径的点到该点的路径最短的点），当所有的顶点都选择完时，各顶点到 v_1 的最短路也就求出来了。

所谓每次选择一个最短路径点 v_k，就是重复用已经确定其最短路径的点修正（考虑经过最短路径的点能否使原路径变短）未被确定最短路径的点的路径，并将其中具有最小值的点确定为新的最短路径点。

（二）算法步骤

步骤一：令 $d(v_1)=0, d(v_j)=w_{ij}(j=2,3,\cdots,n)$，若 v_i、v_j 不相邻，则记 $w_{ij}=+\infty$（在计算机编程时，可以用一个适当大的数代替）。

$$S=\{v_1\}, R=V\backslash S=\{v_2,v_3,\cdots,v_n\}$$

S 表示已经选出（即确定最短路径）点的集合，R 表示未选出点的集合。

步骤二：在 R 中寻找一个顶点 v_k，使得：

$$d(v_k)=\min_{v_j\in R}\{d(v_j)\}$$

置 $S=S\cup\{v_k\}, R=V\backslash S$。若 $R=\varnothing$，终止算法，否则转步骤三。

步骤三：利用第二步中选择的 v_k 修正 $d(v_j)$，$v_j \in R$（实际上，只能修正 R 中与 v_k 关联的点），即对 R 中的每个 v_j，令

$$d(v_j) = \min\{d(v_j), d(v_k) + w_{kj}\}$$

转回步骤二。

在该算法中，若对每一次循环的步骤二，在选定 v_k 的同时，标记出从 v_1 到 v_k 点对应的最短路径上的相邻点（称为先驱点），则计算结束时，通过反向追踪还可以确定出最短路径。

Dijkstra 算法可以编制为计算机程序有效地求解最短路径问题，当然数据的组织以及迭代的实现还需要具体情况具体分析。

对于比较简单的图，可以用解析式和列表式来实现上述算法。

【例 6-4】　8 个城市 v_1、v_2、v_3、v_4、v_5、v_6、v_7、v_8 之间有一个公路网（如图 6-17 所示），每条公路为图中的边，边上权数表示该段公路的长度（单位：百公里），若你处在城市 v_1，那么从 v_1 到其他各城市，该选择什么路径使所走的路程最短？

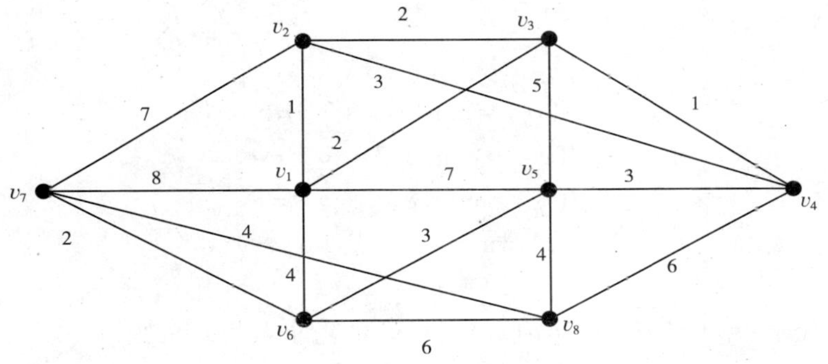

图 6-17　例 6-4 图

解：（1）解析式：

步骤一：令 $d(v_1)=0$，$d(v_j)=w_{ij}(j=2,3,\cdots,8)$，则

$$S=\{v_1\}, R=\{v_2,v_3,\cdots,v_8\}$$

步骤二：$d(v_k)=\min\limits_{v_j\in R}\{d(v_j)\}=d(v_2)=1$（$v_2$ 的先驱点为 v_1），则

$$S=\{v_1,v_2\}, R=V\backslash S=\{v_3,v_4,\cdots,v_8\}$$

步骤三：修正 $d(v_j)$，$v_j \in R$。

$$d(v_j)=\min\{d(v_j),d(v_2)+w_{2j}\}$$

$$d(v_3) = \min\{d(v_3),d(v_2) + w_{23}\} = \min\{2,1+2\} = 2$$

$$d(v_4) = \min\{d(v_4),d(v_2) + w_{24}\} = \min\{+\infty,1+3\} = 4$$

$$d(v_5) = \min\{d(v_5),d(v_2) + w_{25}\} = \min\{7,1+\infty\} = 7$$

$$d(v_6) = \min\{d(v_6),d(v_2) + w_{26}\} = \min\{4,1+\infty\} = 4$$

$$d(v_7) = \min\{d(v_7),d(v_2) + w_{27}\} = \min\{8,1+7\} = 8$$

$$d(v_8) = \min\{d(v_8),d(v_2) + w_{28}\} = \min\{+\infty,1+\infty\} = +\infty$$

转回步骤二。

步骤二：$d(v_k)=\min\limits_{v_j\in R}\{d(v_j)\}=d(v_3)=2$（$v_3$ 的先驱点为 v_1），则

$$S=\{v_1,v_2,v_3\},R=V\backslash S=\{v_4,v_5,\cdots,v_8\}$$

步骤三：修正 $d(v_j),v_j\in R$。

$$d(v_j)=\min\{d(v_j),d(v_3)+w_{3j}\}$$
$$d(v_4)=\min\{4,2+1\}=3$$
$$d(v_5)=\min\{7,2+5\}=7$$
$$d(v_6)=\min\{4,2+\infty\}=4$$
$$d(v_7)=\min\{8,2+\infty\}=8$$
$$d(v_8)=\min\{+\infty,2+\infty\}=+\infty$$

转回步骤二。

步骤二：$d(v_k)=\min\limits_{v_j\in R}\{d(v_j)\}=d(v_4)=3$（$v_4$ 的先驱点为 v_3），则

$$S=\{v_1,v_2,v_3,v_4\},R=V\backslash S=\{v_5,v_6,v_7,v_8\}$$

步骤三：修正 $d(v_j),v_j\in R$。

$$d(v_j)=\min\{d(v_j),d(v_4)+w_{4j}\}$$
$$d(v_5)=\min\{7,3+3\}=6$$
$$d(v_6)=\min\{4,3+\infty\}=4$$
$$d(v_7)=\min\{8,3+\infty\}=8$$
$$d(v_8)=\min\{+\infty,3+6\}=9$$

转回步骤二。

步骤二：$d(v_k)=\min\limits_{v_j\in R}\{d(v_j)\}=d(v_6)=4$（$v_6$ 的先驱点为 v_1），则

$$S=\{v_1,v_2,v_3,v_4,v_6\},R=V\backslash S=\{v_5,v_7,v_8\}$$

步骤三：修正 $d(v_j),v_j\in R$。

$$d(v_j)=\min\{d(v_j),d(v_6)+w_{6j}\}$$
$$d(v_5)=\min\{6,4+3\}=6$$
$$d(v_7)=\min\{8,4+2\}=6$$
$$d(v_8)=\min\{9,4+6\}=9$$

转回步骤二。

步骤二：$d(v_k)=\min\limits_{v_j\in R}\{d(v_j)\}=d(v_5)=6$（$v_5$ 的先驱点为 v_4），则

$$S=\{v_1,v_2,v_3,v_4,v_6,v_5\},R=V\backslash S=\{v_7,v_8\}$$

步骤三：修正 $d(v_j),v_j\in R$。

$$d(v_j)=\min\{d(v_j),d(v_5)+w_{5j}\}$$
$$d(v_7)=\min\{6,6+\infty\}=6$$
$$d(v_8)=\min\{9,6+4\}=9$$

转回步骤二。

步骤二：$d(v_k)=\min\limits_{v_j\in R}\{d(v_j)\}=d(v_7)=6$（$v_7$ 的先驱点为 v_6），则

$$S=\{v_1,v_2,v_3,v_4,v_6,v_5,v_7\},k=V\backslash S=\{v_8\}$$

步骤三：修正 $d(v_j),v_j\in R$。

$$d(v_j)=\min\{d(v_j),d(v_7)+w_{7j}\}$$

$$d(v_8)=\min\{9,6+4\}=9$$

计算结束，通过反向追踪可得从 v_1 到各顶点的最短路径，从而得到如图 6-18 所示的最短路径树。

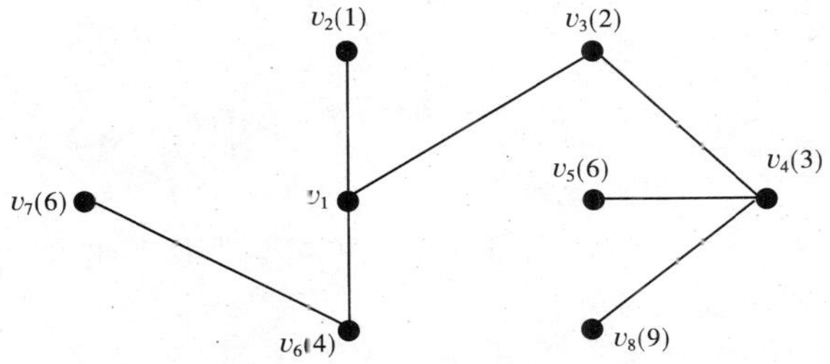

图 6-18　例 6-4 最短路径树

(2)列表式：

将上述计算的结果填入表 6-1。其中，每一行是一次选取顶点并利用该点修正各顶点到初始点的最短路径及长度的结果，最后一行是对应顶点到初始点的最短路径上的先驱点，所以，若有 n 个顶点，该表是一个 $n+1$ 行、$n+1$ 列的表格。填满表格后计算结束，同时，也可以得到最短路径及其最短路径的权数之和。

表 6-1　例 6-4 计算结果

计算序号	顶点							
	v_1	v_2	v_3	v_4	v_5	v_6	v_7	v_8
1	[0]	1	2	$+\infty$	7	4	8	$+\infty$
2		[1]	2	4	7	4	8	$+\infty$
3			[2]	3	7	4	8	$+\infty$
4				[3]	6	4	8	9
5					6	[4]	6	9
6					[6]		6	9
7							[6]	9
8								[9]
先驱点	v_1	v_1	v_1	v_3	v_4	v_1	v_6	v_4

二、Ford 算法

Dijkstra 算法要求赋权图 $G=G(V,E,W)$ 中的所有权值 $w_{ij}\geqslant 0$，若有负权值存在，则 Dijkstra 算法就不再适合，经过对 Dijkstra 算法修正得到的 Ford 算法是解决具有负权值的最短路径的有效算法。其计算步骤如下。

步骤一：令

$$d^{(1)}(v_j) = w_{1j} \quad (v_j \in V)$$

步骤二：对 $t=2,3,\cdots$

$$d^{(t-1)}(v_k) = \min_{v_j \in V}\{d^{(t-1)}(v_j)\}$$

$$d^{(t)}(v_j) = \{d^{(t-1)}(v_k) + w_{kj}\}$$

若对所有的顶点 $v_j \in V$ 均有 $d^{(t)}(v_j)=d^{(t-1)}(v_j)$，则 $d^{(t)}(v_j)$ 即为 v_1 到 v_j 的最短路径的权。通过反向追踪可以确定最短路径。

第三节　欧拉回路与中国邮递员问题

一、一笔画问题

欧拉（Euler）将前面所论述的哥尼斯堡七桥问题抽象为一个图，如图 6-19 所示。此时，七桥问题就化为图 6-19 中是否存在通过每一条边一次且仅一次的路，这就是更具有一般性的一笔画问题：图中的边能否经一笔不重复地画出。

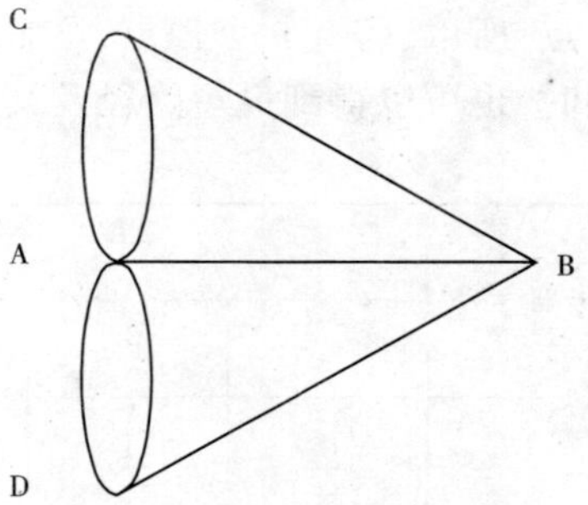

图 6-19　一笔画问题

欧拉在 1736 年发表的有关图论的论文中给出了一笔画问题的充分必要条件是，图必须满足以下两点：

（1）图是连通的；

（2）图中的顶点（可能有两点例外）的度数是偶数。

判断图 6-20 中，哪个可以一笔画出。

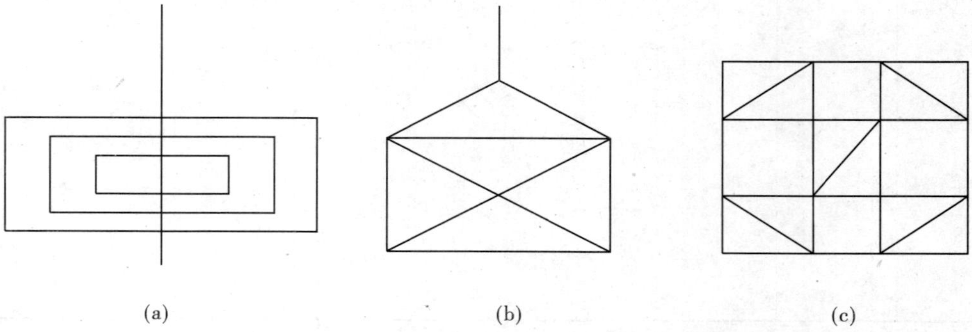

图 6-20　判断图

二、欧拉回路

（一）定义

若图 $G(V,E)$ 中有一回路经过图中每一条边且仅经过一次又回到起始点，这种回路称为欧拉回路。存在欧拉回路的图就是欧拉图。

（二）结论

对于欧拉回路有以下结论：

定理3　对连通图 $G(V,E)$，下列条件是相互等价的：

（1）G 是一个欧拉图；

（2）G 的每个顶点的度数都是偶数；

（3）G 的边集 E 可分解为若干个回路的并集。

定理4　有向连通图存在欧拉回路的充分必要条件是，对任意顶点，进入该顶点的边数与离开该顶点的边数相等。

（三）算法

由定理3可知：判断一个图是否是欧拉图很简单，只需要由（2）检验一下各顶点的度数即可，但当图复杂时，要实际找出欧拉回路还是比较麻烦的。这里介绍一种算法（Flewry）来寻找欧拉回路。

弗罗莱（Flewry）算法的步骤如下：

（1）任取起始顶点，令 $v_1 \in V(G)$，令 $R_1 = \{v_1\}$。

（2）设路 $R_i = v_1e_1v_2e_2\cdots e_iv_i$ 已选取定，则从 $E - \{e_1, e_2, \cdots, e_i\}$ 中选取 e_{i+1} 使得：①e_{i+1} 与 e_i 相邻；②除非无选择余地，不要选 $G_i = G - \{e_1, e_2, \cdots, e_i\}$ 的断边（e_{i+1}不在 G_i 的任意圈上，所以去掉 e_{i+1}后图就是不连通的），即 $G_i - \{e_{i+1}\}$ 仍为连通的。

（3）重复（2），直到不能进行为止。

【例6-5】　求图6-21的欧拉回路。

解：（1）取 $R_0 = \{v_1\}$，$R_1 = v_1e_1v_2$；

（2）与 e_1 相邻的边只有 e_2，所以虽然 e_2 是 $G - \{e_1\}$ 的断边，也只能选 e_2，即

$$R_2 = v_1e_1v_2\,e_2v_3$$

（3）与 e_2相邻的边共有3条，因为 e_6 是 $G - \{e_1, e_2\} - \{v_2\}$ 的断边，故不选 e_6 选 e_3、e_5 之一，现选 e_5，则

$$R_3 = v_1e_1v_2\,e_2v_3\,e_5v_5$$

（4）与 e_5 相邻的边只有 e_4，所以虽然 e_4 是 $G - \{e_1, e_2, e_5\} - \{v_2\}$ 的断边，也只能选 e_4，即

$$R_4 = v_1e_1v_2\,e_2v_3\,e_5v_5\,e_4v_4$$

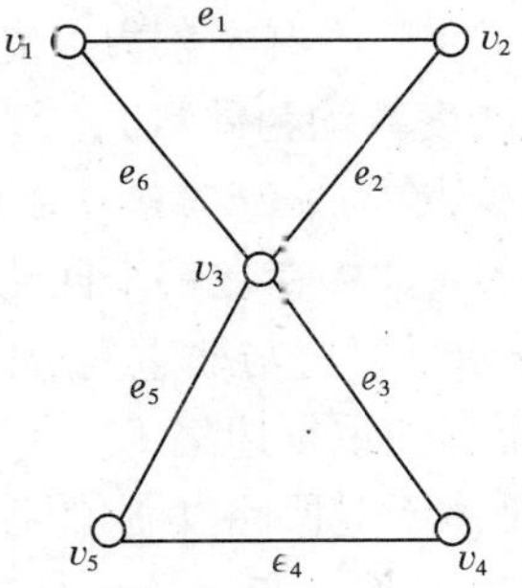

图6-21　例6-5图

（5）与 e_4 相邻的边只有 e_3，所以虽然 e_3 是 $G - \{e_1, e_2, e_5, e_4\} - \{v_2, v_5\}$ 的断边，也只能选 e_3，即

$$R_5 = v_1e_1v_2\,e_2v_3\,e_5v_5\,e_4v_4\,e_3v_3$$

（6）与 e_3 相邻的边只有 e_6，所以虽然 e_6 是 $G - \{e_1, e_2, e_5, e_4, e_3\} - \{v_2, v_5, v_4\}$ 的断边，

也只能选 e_6，即

$$R_6 = v_1 e_1 v_2\ e_2 v_3\ e_5 v_5\ e_4 v_4\ e_3 v_3\ e_6 v_1$$

三、中国邮递员问题

邮递员从邮局出发，沿着邮路的每条街道分送信件，最后返回邮局，如何安排邮递员的巡回路线使总行程最短，这个问题首先由管梅谷先生于 1962 年提出，并给出了算法，故国际上称为中国邮递员问题。类似的问题有很多，如警察的巡逻路线等，因而有关其模型和算法的讨论有普遍意义。

用图论的术语来描述：$G(V,E,W)$ 为一个连通赋权图，每一条边代表邮路中的每一条街，每个顶点表示两街间的交叉点，每边的权表示街长，要找一回路（从邮局出发），使包含 G 中的每一边至少一次，且该回路的权达到最小。即

$$\min \sum_{e_i \in \Phi_E} w(e_i)$$

式中 Φ_E——经过 G 中各边至少一次的回路（圈）。

如果图 G 的每个顶点的度数是偶数，即 G 为欧拉图，则欧拉回路就是我们所要求的，但若 G 不是欧拉图，即 G 中有顶点的度数为奇数，则问题要复杂得多。

由前面关于图中顶点度数的有关定理知：图 G 有奇度数的顶点的个数必为偶数。如果顶点 v 的度数为奇数，那么至少有一条与该顶点关联的边要被邮递员重复走过。由于这样的顶点为偶数个，设想把它们配成若干对，每对间重复走其最短路。这样得到欧拉图。现在问题就在于怎样配对，能使相应重复走的总的长度最小，为此有下面的重要结论。

定理 5 设 $G(V,E,W)$ 为连通赋权图，附加边子集 E' 使 $G+E'$ 为欧拉图，则 E' 的权 $w(E') = \sum_{e_i \in E'} w(e_i)$ 为最小的充分必要条件是：$G+E'$ 中任意边至多重复一次，且 $G+E'$ 中的任意回路中重复边的权数之和不大于该回路总权数的一半。

证：必要性：（反证法）设存在一种奇顶点集的配对，使其附加边子集 E' 的权 $w(E')$ 最小。若 $G+E'$ 中有一条边重复 $n(n \geqslant 2)$ 次，由于 $G+E'$ 为欧拉图（因为增加了附加边后每个顶点的度数均为偶数），所以该边删去两重复边后仍为欧拉图，则附加边 E' 的权 $w(E')$ 就将减少，这与 $w(E')$ 最小矛盾。

若 $G+E'$ 中存在一个回路 Φ，其重复边的权数之和大于该回路总权数的一半，则可以通过 Φ 中重复边与非重复边的交换（删去该回路中的重复边，添加回路的剩余部分的重复边）得新的重复边集 E''，由新的重复边集 E'' 与 G 构成的网络图 $G+E''$ 仍然是赋权欧拉图（这是由于对回路 Φ 中的各顶点，重复边的重复次数为 1，原来与两条重复边关联的顶点度数减 2，原来与一条重复边一条非重复边关联的顶点度数不变，原来与两条非重复边关联的顶点度数增加 2，所以圈中各顶点的度数仍然均为偶数），而 $w(E'') < w(E')$，这与 $w(E')$ 最小矛盾。

充分性：设有两个附加边子集 E' 和 E''，均使 $G+E'$ 和 $G+E''$ 中每边至多重复一次，且每个回路中重复边的权数和不大于该回路权数的一半，要证：$w(E') = w(E'')$。

由 E' 和 E'' 不相同部分组成的图 $G[E' \oplus E'']$ 中各顶点的度数均为偶数。因为若 E' 和

E''无公共边，则显然 $G[E'\oplus E'']$ 中各顶点的度数均为偶数；若 E' 和 E'' 有公共边，则公共边的两端点在 $G[E'\oplus E'']$ 中对应的度数减 2，此时 $G[E'\oplus E'']$ 中各顶点的度数均为偶数。

另外，$G[E'\oplus E'']$ 的任何回路都由 E' 和 E'' 中的边组成，而且 E' 和 E'' 在回路中的权数分别不大于该回路的一半，故在任何回路中属于 E' 中边的权数之和等于属于 E'' 中边的权数之和，故 $w(E')=w(E'')$，显然它们是最小附加边子集的权数。

应用定理 5 可以得到奇偶点图上作业法来求解中国邮递员问题。计算步骤如下：

(1) 找出图 G 中所有奇顶点(偶数个)，将其两两配对，每对奇顶点间必有一条最短路 P，将路 P 上所有的边都重复一次加到图 G 中，使得到的新图为欧拉图。

(2) 如果边 $e=[u,v]$ 上重复边数多于一条，则可从 e 的重复边中去掉偶数条。

(3) 检查图中的每个回路，如果每一个回路的重复边的总长不大于该回路总长的一半，则用 Flewry 算法求得最优方案；如果存在一个回路，重复边的总长大于该回路总长的一半，就进行调整：将这个回路中的重复边去掉，而将该回路中原来没有重复边的各边加上重复边，其他各回路的边不变，返回(2)。

【例 6-6】 已知邮递员要投递的街道如图 6-22 所示，求最优投递线路。

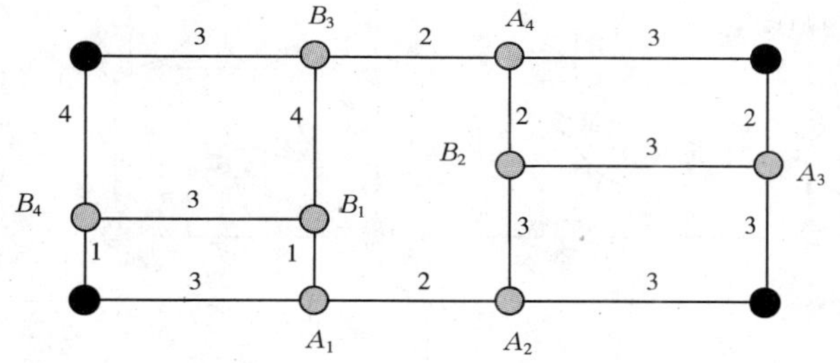

图 6-22　例 6-6 图

解：按照上述图上作业法求解。

首先确定图中奇顶点：$A_1,A_2,A_3,A_4,B_1,B_2,B_3,B_4$，并不妨进行如下配对

$$A_1—B_1;A_2—B_2;A_3—B_3;A_4—B_4$$

求解各对奇顶点间的最短路，并将其边重复，从而得到图 6-23。

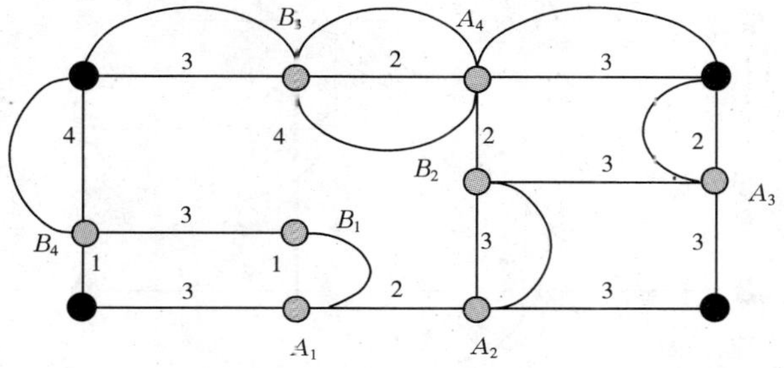

图 6-23　各对奇顶点间的最短路

然后，去掉重复次数大于 1 的重复边，即删除边 $[B_3,A_4]$，此时得图 6-24。

检查图 6-24 中的回路并进行调整：

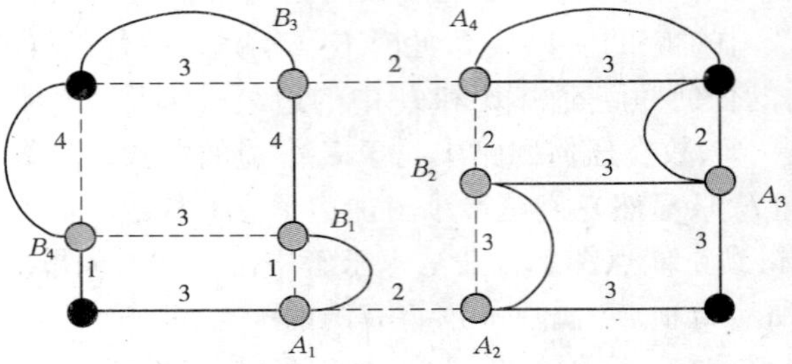

图 6-24　删除重复次数大于 1 的重复边

第一次调整：因为回路$\{A_1,A_2,B_2,A_4,B_3,B_4,B_1,A_1\}$中重复边的权和 11 大于该回路权数 20 的一半，所以将该回路中的重复边与非重复边交换，得到图 6-25。

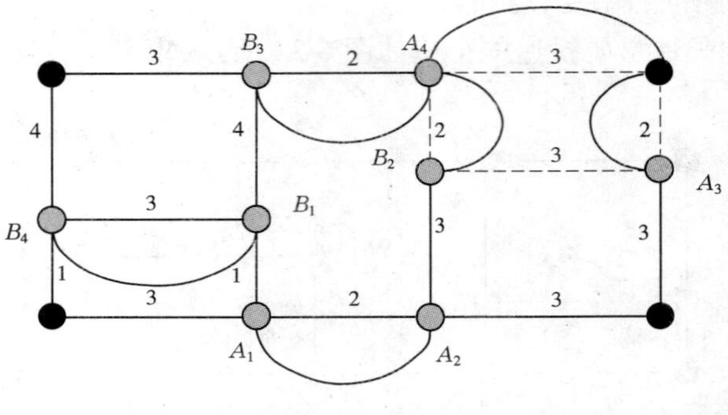

图 6-25　第一次调整

第二次调整：回路$\{A_3,A_4,B_2,A_3\}$中重复边的权和 7 大于该回路权数 10 的一半，所以将该回路中的重复边与非重复边交换，得到图 6-26。

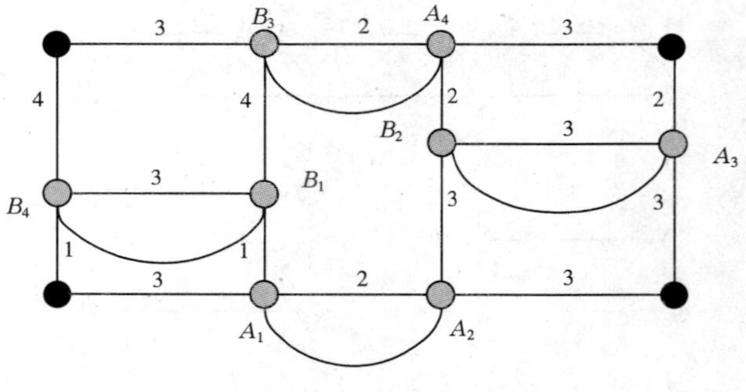

图 6-26　第二次调整

经检验图 6-26 满足定理 5 的条件，所以，找出其欧拉回路即可得到最优投递路线。

第四节　网络流及其应用

一、最大流问题

(一)网络中的流

设赋权有向图 $G=G(V,E,C)$(见图 6-27)中每条弧 $e_{ij}=(v_i,v_j)$都有一个最大容量 c_{ij}。网络中的流是指在弧集 E 中的实值函数 $f=\{x_{ij}\}$,x_{ij}称为通过弧(v_i,v_j)的流量。若流 $f=\{x_{ij}\}$满足如下条件,则称 f 为 G 的一个可行流。

(1)对所有的弧:$0\leqslant x_{ij}\leqslant c_{ij}$。

(2) $\sum_i(x_{ij}-x_{ji})=\begin{cases}F, & i=s(\text{发点})\\0, & i\neq s,t(\text{网络中间无截流})\\-F, & i=t(\text{收点})\end{cases}$

所以,若 $f=\{x_{ij}\}$是 G 的一个可行流,则从发点 v_s 流到收点 v_t 的总流量为

$$F=\sum_j x_{sj}=\sum_i x_{it}$$

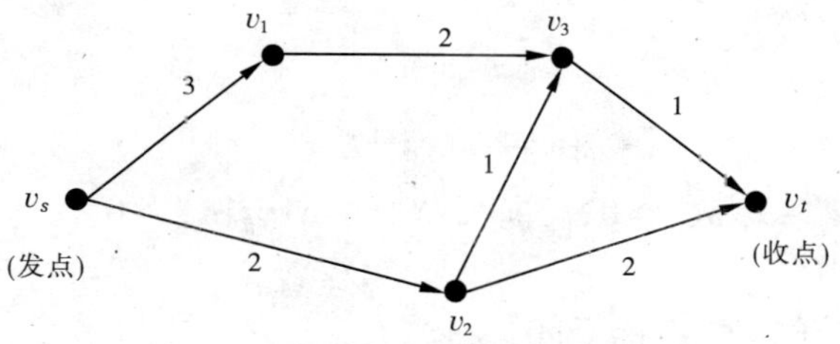

图 6-27　赋权有向图

(二)最大流问题

在有向赋权图 $G=G(V,E,C)$中,求一可行流 $f=\{x_{ij}\}$使得从发点到收点的流量最大,即求解如下 LP 问题

$$\max\quad F$$

$$\text{s.t.}\quad\begin{cases}\sum_i(x_{ij}-x_{ji})=\begin{cases}F, & i=s\\0, & i\neq s,t\\-F, & i=t\end{cases}\\[2ex]0\leqslant x_{ij}\leqslant c_{ij}\end{cases}$$

所以,可以用 LP 算法求解。下面介绍比较简单的直接在网络图上求解的标号法。

(三)求解最大流问题的标号法

1. 几个概念

设 P 为网络中从发点 v_s 到收点 v_t 的一条链(不考虑方向,首尾相连的一串边的集合,从发点 v_s 到收点 v_t 的方向成为链 P 的方向),在 P 上,与 P 同向的弧称为正向弧,反之称为反向弧。

设 P 为对应于可行流 $f=\{x_{ij}\}$ 的从发点 v_s 到收点 v_t 的一条链，若对 P 上每条正向弧 (v_i,v_j) 都有 $x_{ij}\leqslant c_{ij}$，每条反向弧 (v_k,v_l) 都有 $x_{kl}>0$，则称这样的链为该可行流的增广链（亦即该可行流还可以进一步扩增，又称之为可增流链）。

2. 最大流充分必要条件

定理 6　网络中一组可行流 $\{x_{ij}\}$ 为最大流的充分必要条件是不存在从发点到收点的增广链。

3. 求解网络最大流的标号法

1）基本思路

从发点 v_s 开始，沿从发点到收点 v_t 的方向，通过对顶点标号逐步寻找增广链，进而扩充流量，直到找不到增广链为止。

2）标号规则

若用顶点 v_i 的标号 δ_i 对顶点 v_j 进行标号（即检查从 v_i 到 v_j 能否增容），则根据 (v_i,v_j) 的方向不同，其标号方法如图 6-28 所示。

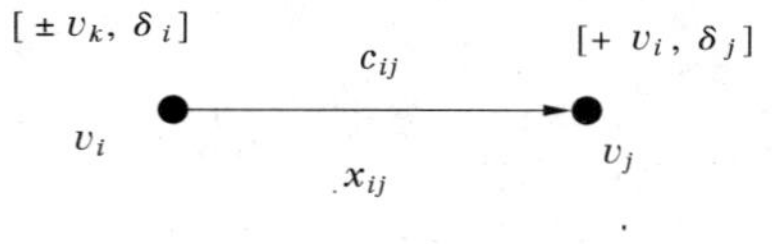

(a)正向弧

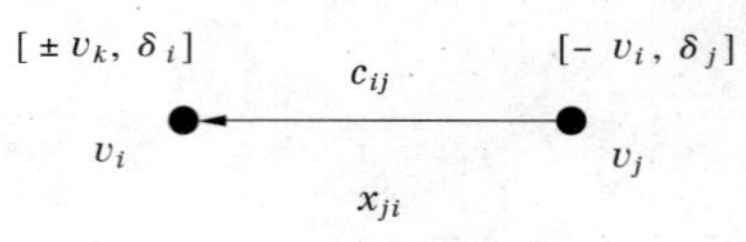

(b)反向弧

图 6-28　标号方法

正向弧：$\delta_j=\min\{c_{ij}-x_{ij},\delta_j\}>0$；反向弧：$\delta_j=\min\{x_{ji},\delta_i\}>0$。

3）标号法的步骤

第一步：（初始化）给发点 v_s 标号 $[0,+\infty]$；

第二步：（标号与检查）按照上述规则进行标号，若收点 v_t 不能获得标号，此时网络中的流已经达到最大，反之转第三步；

第三步：（增流）当收点 v_t 获得标号，不妨设为 $[+v_l,\delta_t]$ 后，反向查找一条增广链，并以 δ_t 扩充流量，扩充方法为：正向弧：$x_{ij}=x_{ij}+\delta_t$；反向弧：$x_{ij}=x_{ij}-\delta_t$。完成扩充流量后返回第一步。

【例 6-7】　求图 6-29 中的最大流。

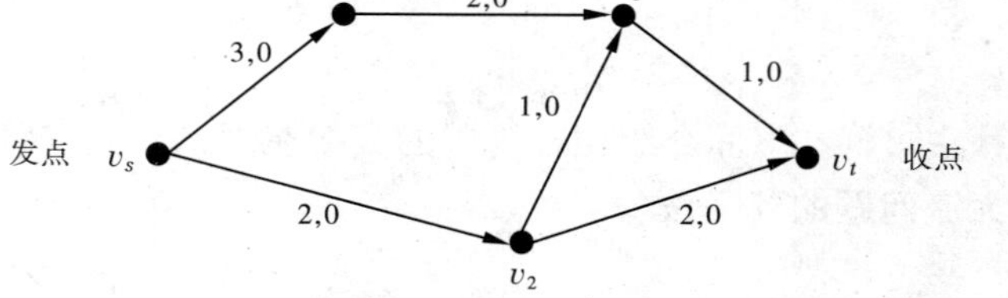

图 6-29　例 6-7 图

解：按照上述步骤标号求解。

第一次标号，见图 6-30。

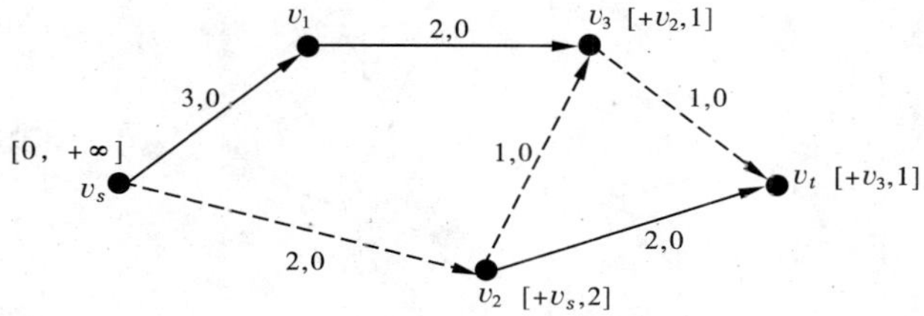

图 6-30　第一次标号

第一次增流，见图 6-31。

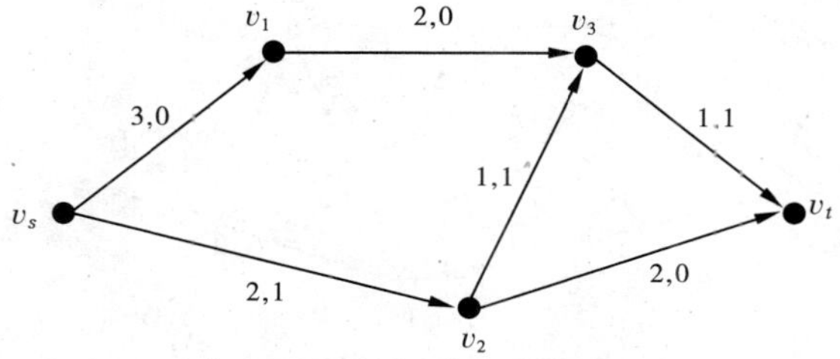

图 6-31　第一次增流

第二次标号，见图 6-32。

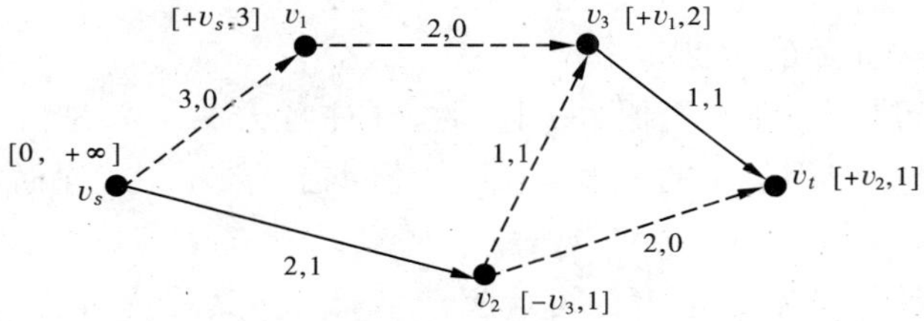

图 6-32　第二次标号

第二次增流，见图 6-33。

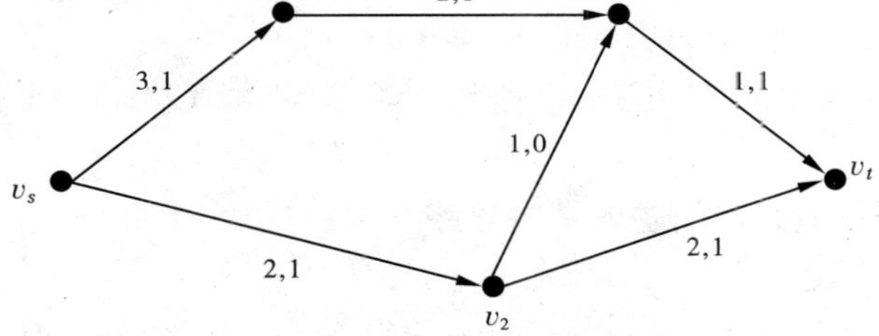

图 6-33　第二次增流

第三次标号，见图 6-34。

第三次增流，见图 6-35。

图 6-35 不能再进行标号，此时网络中的可行流已经达到最大，最大为

$$F = \sum_j x_{sj} = \sum_i x_{it} = 3$$

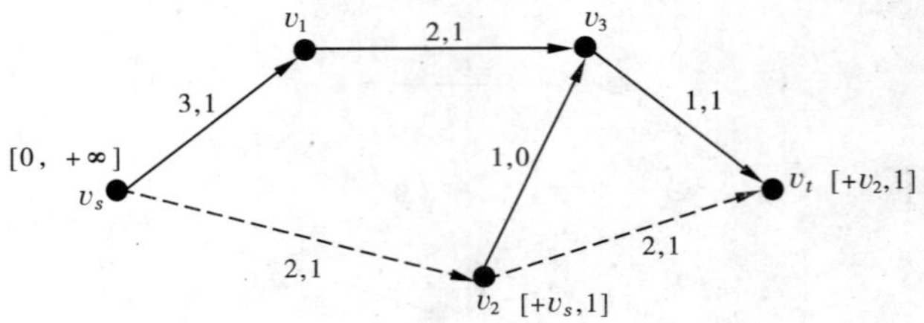

图 6-34　第三次标号

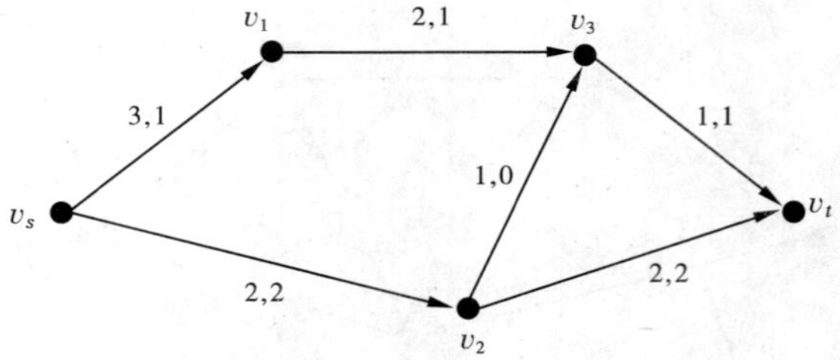

图 6-35　第三次增流

二、最小费用最大流问题

(一)最小费用最大流的定义

在实际的决策问题中,涉及“流”的问题时,往往考虑的不只是流量,还要经常涉及“费用”的因素,即求解费用最小的最大流(最大流问题一般不只一个解)。

已知一个网络图 $G=(V,E,C,A)$,c_{ij}表示边(v_i,v_j)上的容量,a_{ij}表示边(v_i,v_j)上单位流量的费用。求 G 的一个流量为 W 的可行流$f=\{x_{ij}\}$,使其总费用最小,即

$$\min \sum_{(v_i,v_j)\in E} a_{ij}x_{ij}$$

$$\text{s.t.}\quad \begin{cases}\sum_i x_{si} = w \\ 0 \leqslant x_{ij} \leqslant c_{ij}\end{cases}$$

则称$f=\{x_{ij}\}$为流量 W 的最小费用流,特别地,当 W 为最大流时,$f=\{x_{ij}\}$即是 G 的最小费用最大流。

(二)求解最小费用最大流问题的基本思路

1. 最小费用链

已知网络图 $G=(V,E,C,A)$,$f=\{x_{ij}\}$是 G 上的一个可行流,P 为从 v_s 至 v_t 的(关于f的)增广链,$A(P)=\sum_{P^+}a_{ij}-\sum_{P^-}a_{ij}$称为链 P 的费用,其中 P^+、P^-分别表示 P 的正向弧、反向弧的集合。

设增广链 P 上的流如图 6-36 所示,则 $A(P)=(3+4+1+6)-(5+7)=2$。

若 P 是从 v_s 至 v_t 的(关于f的)增广链中费用最小的链,则称 P 为(关于f的)最小费用链。关于最小费用链有以下重要结论:

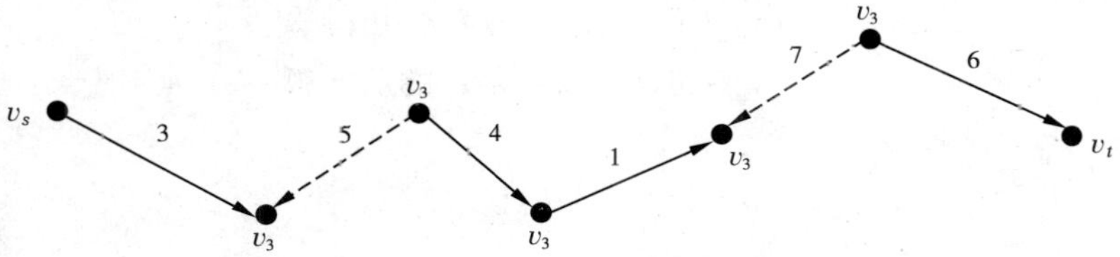

图 6-36　增广链 P

定理 7　若 f 是流量为 $W(f)$ 的最小费用流，P 是关于 f 的从 v_s 至 v_t 的一条最小费用增广链，则 f 经过 P 增容 δ 后得到的新的可行流 f'，一定是流量为 $W(f)+\delta$ 的可行流中的最小费用流。（证明略）

2. 求解最小费用最大流的基本思路

由定理 7 可知，若已知一个流量为 $W(f^{(0)})$ 的最小费用流 $f^{(0)}$（显然，可取零流量的最小费用流 $f^{(0)}=\{0\}$），然后寻找从 v_s 至 v_t 的一条最小费用增广链 P，在 P 上增容 δ 后得到流量为 $W(f)+\delta$ 的最小费用流 $f^{(1)}$，重复该过程直至得到最小费用最大流为止。余下的问题是如何获得一个从 v_s 至 v_t 最小费用增广链，为了获得这样的一个增广链，引入 G 的关于 f 的费用网络图 $L(f)$。

3. G 的关于 f 的费用网络图 $L(f)$

已知网络图 $G=(V,E,C,A)$，f 为其一个可行流，保持 G 的顶点，每条边用两条方向相反的有向边代替，各边的权 l_{ij} 按如下规则定义：

（1）若边 $(v_i,v_j)\in E$，则令

$$l_{ij}=\begin{cases}a_{ij}, x_{ij}<c_{ij}\\+\infty, x_{ij}=c_{ij}\end{cases}$$

其中 $+\infty$ 的意义是：这条边已经饱和，不能再增大流量，因此权为 $+\infty$ 的边可从图中删除。

（2）若边 (v_j,v_i) 为原来 G 中边 (v_i,v_j) 的反边，则令

$$l_{ji}=\begin{cases}-a_{ij}, x_{ij}>0\\+\infty, x_{ij}=0\end{cases}$$

其中 $+\infty$ 的意义是：这条边的流量已经减少到 0，不能再减少，因此权为 $+\infty$ 的边可从图中删除。

这样得到的网络图 $L(f)$ 称为 G 关于 f 的费用网络图，并且在 G 中求关于 f 的一个从 v_s 至 v_t 最小费用增广链等价于在 $L(f)$ 中求从 v_s 至 v_t 的最短路。这样也就解决了最小费用增广链的求解问题。

（三）求解最小费用最大流问题的算法

（1）取零流为初始可行流，即 $f=\{0\}$。

（2）求费用网络图 $L(f)$。

（3）求费用网络图 $L(f)$ 中从 v_s 至 v_t 的最短路 $P^{(k)}$，若为 $+\infty$，即得到最小费用最大流；反之继续求解最短路。

（4）沿最短路 $P^{(k)}$ 确定最大可增流量 δ。

(5)在 P 上扩充流量

$$x_{ij}=\begin{cases}x_{ij}+\delta, & (v_i,v_j)\text{ 为 }P\text{ 的正向弧}\\ x_{ij}-\delta, & (v_i,v_j)\text{ 为 }P\text{ 的反向弧}\end{cases}$$

完成后转(2)。

第七章　数据库系统辅助决策

计算机科学与技术的发展,计算机应用的深入与拓展,使得数据库在计算机应用中的地位与作用日益重要。随着网络的普及,数据库在网络中的应用也日渐重要。因此,数据库业已成为构成一个计算机应用系统的重要支持,也是在现代技术条件下,辅助决策的重要手段。数据库系统辅助决策一般主要是针对需求明确的结构化的决策问题,利用数据库的查询和统计能力来进行的。

第一节　数据库的概念

为了比较全面完整地理解管理信息系统及其辅助决策,首先要引入以下几个重要概念。

一、数据(data)

计算机领域中的数据是属于软件范畴的一个广义的概念,它泛指一切可以被计算机接受的有结构的符号串,是软件中程序加工的原料与结果。

在计算机中一个软件只有有了程序与数据才构成完整的运行实体,可以说,软件是由程序与数据这两部分组成的。

二、数据处理(data process)

数据处理(又称信息处理)是对数据的收集、存储、分类、计算、加工、检索和传送的过程。

三、数据库(database,简称 DB)

数据库是按一定的形式组织、存储和使用的相互关联的数据的集合。它具有如下几个特点:

(1)尽可能不重复;

(2)以最优的方式服务于一个和多个应用系统;

(3)独立于使用它的程序;

(4)数据存储在一定的存储介质上,用一个软件统一管理这些数据。

四、数据库管理系统(database management system,简称 DBMS)

数据库管理系统是管理数据库的机构,它是一种软件(属软件系统),负责组织、处理、维护和使用数据库。

五、数据库管理员(database administrator ,简称 DBA)

由于数据库的共享性,对数据库的规划、设计、维护、监视等需要专人管理,他们称为数据库管理员。

六、数据库系统(database system,简称 DBS)

由数据库管理系统、数据库管理员、计算机硬件(计算机、网络等)、计算机软件(操作系统、接口软件(如 ODBC,COM 等)、数据库开发工具(如 C、C + + 等))这四部分构成的一个以数据库为核心的完整的运行实体,称为数据库系统。

七、数据库应用系统(database application system,简称 DBAS)

数据库应用系统是指利用数据库系统开发出的以数据库为核心的特定领域的应用软件(用于辅助决策、信息检索等)系统,又称为管理信息系统(management information system,简称 MIS)。

第二节　数据模型

一、数据模型及其分类

客观世界中信息与信息的联系反映在数据中,就体现为数据与数据的联系,这种联系方式就称为数据模型。

常见的数据模型可大致分为三种:层次型、网络型、关系型。其中关系型是表达数据最自然、更易于理解和应用的一种模型。

二、层次型数据模型(hierarchical model)

在层次型数据库中,数据被组织为具有层次化的树形结构关系,如图 7-1 所示。

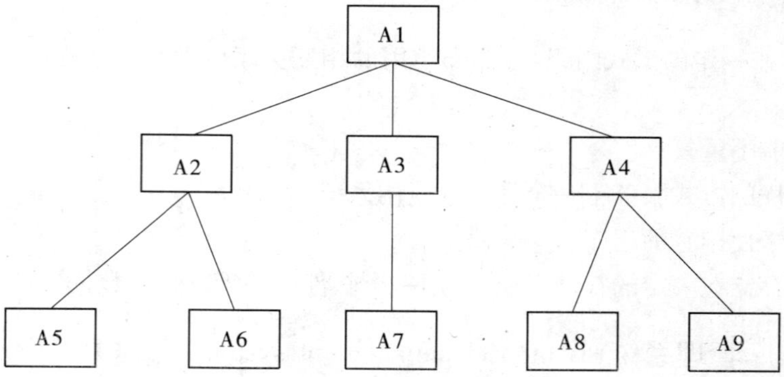

图 7-1　数据的层次模型

实际生活中,行政部门中上下级之间的关系以及家族中代与代之间的关系都是层次模型的例子。

层次模型数据库系统是数据库领域发展最早的一种，其主要系统是 IBM 公司 1968 年研制的 MIS(management information system)。由于 IBM 公司在计算机领域中的强大影响力，使得层次模型数据库系统在数据库领域中一度占据统治地位。但是，由于改模型受限多，操作不便，现已基本不用。

三、网络型数据模型(network model)

网络型数据模型是一种较为通用的模型，它的特点是各个数据之间都有可能存在关系。从图论的观点看，它是一个不加任何条件限制的无向图，如图 7-2 所示。

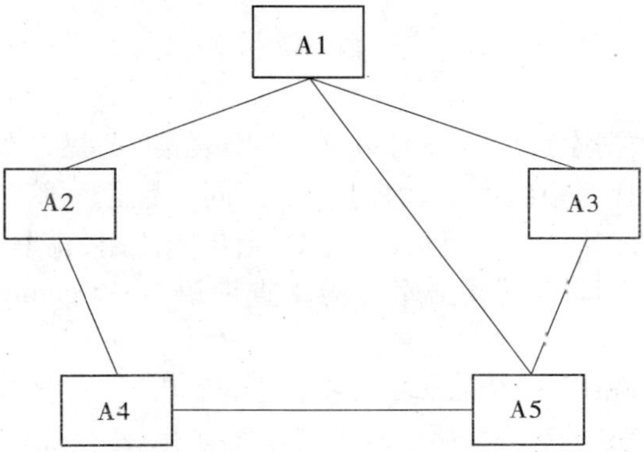

图 7-2　数据的网络模型

网络模型结构的通用性带来的是结构的无规律性，由于其拓扑结构的千变万化，也很难对其进行有规则的处理，因此在计算机上实现的困难较大。

四、关系型数据模型(relational model)

关系型数据模型是完全不同于前两种模型的一种新的模型，它是用二维表格(table)及其相互关系来表示数据及其相互关系的一种形式。如一个人事管理数据可以组织为如下二维表格，见表 7-1。

表 7-1　人事管理数据

编号	姓名	性别	出生日期	职称	工作日期	婚否
1001	张杰	男	1980-12-04	助工	2001-07-01	否
1002	宋丽	女	1975-10-10	工程师	1998-07-01	婚
2014	王红	女	1965-06-11	高工	1988-07-01	婚
1003	赵强	男	1969-02-27	技工	1987-09-15	婚

这种关系型模型的数据表由三部分组成：

(1)表的名称：用于区分不同的表。

(2)表的结构：表格的栏目数、栏目名称、宽度和数据类型。

(3)表的内容:表中所填入的数据。

关系数据库由于其结构简单、使用方便、理论成熟,20 世纪 80 年代以后它已经成为数据库系统的主流模型,很多著名的系统纷纷出现并占领数据库应用的主要市场。目前,较小的数据库管理系统有 dbf 数据库管理系统、access 数据库管理系统等,大型的数据库管理系统有 Oracle、SQL Server、DB2、Sybase 等。伴随着数据库应用的广泛普及,用于数据库开发的软件工具也得到了快速的发展,如 Vfoxpro、VB、VC、Delphi、PB、Asp、php、. net 系列等。

第三节　关系数据库系统标准语言 SQL

一、SQL 概貌

关系数据模型的数据库管理系统对数据(二维表格)的操作处理核心是对数据的查询(Query)。在数据库管理系统的蓬勃发展中,不同的数据库管理系统都有自己特定的数据组织、数据操作语言及语法。但是,经过 10 余年的使用、竞争、淘汰与更新后,已经逐步形成一个统一的标准,即关系数据库结构化查询语言(structured query language,简称 SQL)。

SQL 是 1974 年由 Boyce 和 Chamberlin 提出,并在 IBM 公司研制的关系数据库管理系统 System R 实现的查询语言。1986 年,SQL 语言被美国国家标准化组织 ANSI 批准为国家标准,1987 年又被国际标准化组织 ISOI 批准为国际标准,此标准也于 1993 年被我国批准为中国国家标准。

SQL 语言有两种使用方式:一种是联机交互使用方式,在此方式下,SQL 可以独立使用(多由数据库管理员管理数据库使用);另一种是嵌入式使用方式,在此方式下,可以用其他高级语言(如 C、VB、VC、DELPHI 等)或 WEB 数据库编程语言(ASP、PHP 等)为主语言,而 SQL 则被嵌入其中依附使用(多由程序员开发应用系统使用)。

不管何种使用方式,SQL 语言的基本语法结构不变,仅在嵌入式使用时,增加若干语句以建立主语言与 SQL 间的联系即可。

SQL 的功能包括以下几个方面:

(1)SQL 的数据定义功能。

(2)SQL 的数据处理功能。

(3)SQL 的数据控制功能。

(4)存储过程。

下面分别介绍其主要功能。

二、SQL 的数据定义功能

不同的数据库管理系统支持的数据类型不完全一致,但表 7-2 列出的数据类型一般都是支持的。

表 7-2　数据库管理系统支持的数据类型

序号	符号	数据类型	备注
1	int	整数	
2	smallint	短整数	
3	Dec(m,n)	十进制数	m、n 小数点前后位数
4	Float	浮点数	
5	char(n)	字符串	n 为字符串位数
6	varchar(n)	变长字符串	n 为最大变长数
7	Bit(n)	位串	n 为串长度
8	Bit varying(n)	变长位串	n 为最大变长数
9	date	日期	
10	time	时间	
11	time stamp	时间戳	

(一)数据表的建立

通过创建表(create table)语句定义一个二维数据表的框架,其语法为

create table <表名> <列定义 1 [,列定义 2]… >[其他参数]

如要建立上述人事管理的二维表格,则 SQL 语法如下:

```
create table person no(chr(4)),
                    name(chr(8)),
                    gender(chr(2)),
                    birthday,
                    title(chr(10)),
                    workday,
                    marriage(chr(2))
```

注:一般地,表格中列的名称不采用中文名称,上述列的中文意思为 no(编号)、name(姓名)、gender(性别)、birthday(出生日期)、title(职称)、workday(工作日期)、marriage(婚否)。

(二)表的更改

通过更改表(alter table)语句可以扩充或删除一个已经建立过的表,从而构成一个新表格。其语法为

alter table <表名> add | drop　列名(数据类型)

例如:

```
alter table person add salary(Dec(8,2))
alter table add drop marriage
```

(三)表的删除

删除一个已经建立的表,其语法为

```
drop table <表名>
```

如:

```
drop table person
```

三、SQL 的数据操作功能

SQL 查询功能是 SQL 中功能最强、使用最多的语句,SQL 的数据操作功能主要包括数据查询、删除、插入及修改。

SQL 查询操作的基本语法如下

```
Select <列名>[,<列名>]…
From <表名>[,<表名>]
Where <逻辑表达式>
```

如:

```
Select *
From person

Select no,name,birthday
From person

Select no,name,birthday
From person
Where gender='男'

Select no,name,birthday
From person
Where gender='男'
Order by birthday

Selec count(*)
From person
Where gender='女'

Selec sum(salary)
From person

Selec avg(date()-birthday)
From person
```

四、SQL 的数据更新功能

(一)数据删除功能

通过数据删除语法可以删除数据库中给定条件的数据,其语法为

```
delete
from <表名>
where <逻辑条件>
```

如:

```
delete
from person
where (date() - birthday)6≥0
```

(二)数据插入功能

通过数据插入语法可以向数据库插入新的限额数据,其语法为

```
insert
into <表名>  [[<列名>][,<列名>]…]
values (<常量>[,<常量>])
```

如:

```
insert
into person
values ('1008','李伟','男','1979-08-29','工程师','2003-07-20','婚')
```

(三)数据修改功能

通过数据修改语法可以更改数据库中的限额数据,其语法为

```
update <表名>
set[[ <列名>=表达式][,<列名>]…]
where <逻辑条件>
```

如:

```
update person
set birthday ='1978-08-29'
where name ='李伟'
```

第四节 管理信息系统的设计与开发

一、管理信息系统的基本结构

管理信息系统的基本结构形式如图 7-3 所示。

二、软件生命周期

管理信息系统是一个以数据库为核心的应用软件系统。软件设计与开发应遵循的基

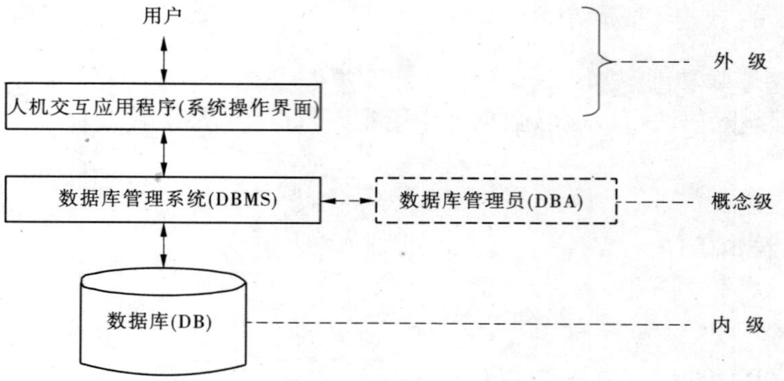

图 7-3　管理信息系统的基本结构

本原则是软件工程理论。软件工程的主要理论就是软件生命周期理论,即一个软件系统的开发和管理应当按照一定的程序结构化进行,图 7-4 所示是软件开发的基本程序。

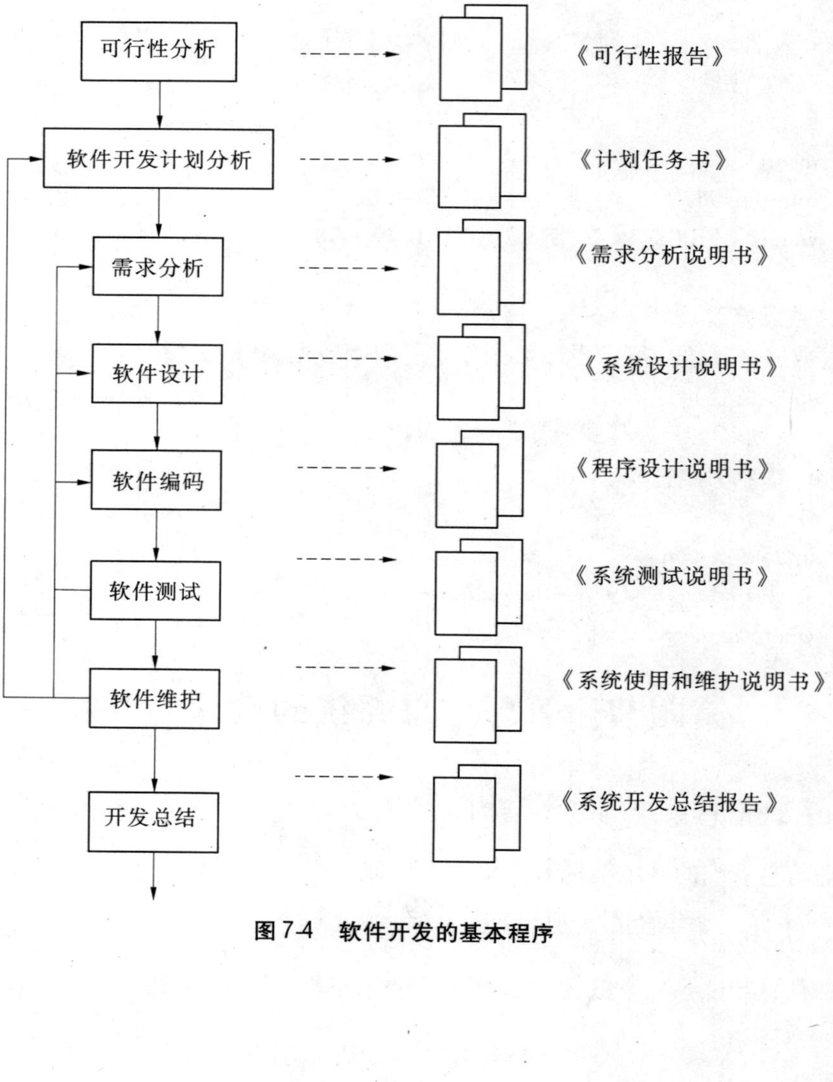

图 7-4　软件开发的基本程序

三、生命周期各阶段主要设计内容

(一)可行性研究报告

可行性研究工作的主要目的是通过对现行系统的调查研究,确定用户提出建立一个(新的)计算机系统的要求是否合理、是否可行。可行性研究报告包括以下五项内容。

1. 概述

用描述性语言说明用户,即要求建立计算机应用系统的单位名称;拟建计算机应用系统的名称;承担系统开发的单位名称。

2. 系统目标

(1)近期目标、时间和投资。

(2)远期目标、时间和投资。

3. 现行系统描述

(1)组织机构、职能、地理分布(用图表示)。

(2)信息流程(用数据流程图表示)。

(3)数据流调查。

(4)计算机应用情况,包括:①现有配置;②计算机专业人员;③已经应用的项目及效益。

4. 现行系统存在的主要问题

说明现行系统存在的主要问题,如效率、费用、人力等。

5. 建议的新系统

(1)对新系统的技术指标和性能要求。

(2)新系统可能产生的影响及变革。①对现行管理体制的影响;②对专业人员的变动及要求。

(3)投资估计。

(4)效益分析。

6. 结论

给出结论,如可行、不可行或暂时不可行。

(二)系统开发计划

经过初步调查,可行性研究的结论是可行的,系统开发人员则需要制订一份比较详细的系统开发计划。它包括以下3项内容:

(1)概述。①系统开发的主要目标;②系统开发的基本方针。

(2)实施计划。①工作进度表,说明每阶段的任务、人员、时间;②工程进度网络图(PERT图)。

(3)项目投资费用概算。

(三)系统(需求)分析说明书

系统分析阶段的工作,主要是分析用户的要求,尤其是辅助决策方面的要求,确定新系统的逻辑功能,用结构化系统分析方法(SA),建立计算机应用系统的逻辑模型,以满足用户的要求。系统分析说明书经过用户与开发者双方确认后,具有合同的作用。开发者按系统分析说明书的要求建立计算机系统,用户应按系统分析说明书的要求确认并验收该系统。系统分析说明书实际上就是软件规格说明书,它包括以下六项内容:

(1)概述。①系统分析的原则;②系统分析方法。

(2)系统功能。①功能描述;②数据流程图(自顶向下逐层扩展);③数据存取要求(立即存取分析图)。

(3)数据字典。①数据元素;②数据结构;③数据流(系统的输入/输出数据流要附以样本);④处理逻辑;⑤数据存储;⑥外部项。

(4)数据量估计。①数据容量总计;②数据的分布与传输。

(5)数学模型及说明。

(6)运行环境规定。

(四)系统设计说明书

系统设计阶段的主要任务是:根据系统分析说明书的功能要求,确定计算机系统由哪些部分组成(包括硬件,系统软件、应用软件、通信软件等),并且用一种最优的方式组合在一起。软件设计人员使用结构化系统设计方法(SD)来设计应用软件系统,从而使系统分析阶段的工作与系统设计阶段的工作自然地衔接起来。系统设计说明书包括以下七项内容:

(1)概述。①系统设计目标;②系统设计策略。

(2)计算机系统的选择。①计算机系统的选择原则;②方案比较。

(3)计算机系统配置。①硬件配置,包括主机、外存储器、终端与外部设备配置、其他辅助设备、网络形态等;②软件配置,包括操作系统(OS)、数据库管理系统(DBMS)、服务程序、语言、通信软件、软件工具;③计算机系统的地理分布;④网络协议文本。

(4)系统结构。①结构图(自顶向下,逐层扩展的层次化暗盒模块结构);②模块说明书。

(5)数据库设计。①数据库总体结构;②数据库概念设计(E－R 图);③数据库逻辑设计(数据模型);④数据库物理设计(文件组织);⑤数据库应保证完整性、一致性。

(6)代码库设计,包括代码库设计原则、方法等。

(7)系统故障对策。①系统故障;②故障防止措施;③系统恢复方法。

(五)程序设计说明书

根据系统设计说明书的要求,程序员用结构化程序设计方法(SP)予以实现。在进行程序设计时,程序员不仅要依据系统设计说明书,而且还要依据系统分析说明书中的数据字典。数据字典是全体开发人员的共同标准,要由专人管理和维护。程序设计说明书包括以下七项内容:

(1)概述,说明本程序的设计依据是哪一份模块说明书。

(2)输入和输出。①输入/输出格式设计(附样本);②输入/输出数据库或文件。

(3)程序模块(类)设计。①程序模块图;②算法。

(4)程序流程图。

(5)源程序。

(6)程序清单,其上应注明系统名、子系统名、上级调用程序名、程序名,设计员姓名、完成日期、使用的程序语言。

(7)出错信息和提示信息表。

(六)系统测试说明书

软件测试的目标通常有两种不同的说法。第一种说法是,测试的目标是确保系统或程序符合说明书中所规定的功能;第二种说法是,测试的目标是发现并排除系统或程序的错误。

显然,软件测试的目标决定了测试人员朝哪个方向去对软件进行测试。由于测试目的不同,具体的测试方案也就不同。前者是为肯定而去测试,后者是为否定而去测试。为了提高软件的可靠性、实用性,从软件质量保证方面来讲,第二种目的更重要。但是,完全彻底的测试,即使对最简单的程序也不可能做到。所以软件测试的基本目标是在有限的条件下,如机时、人力、经费等有限的情况下,制订一个比较合理的测试方案,以便尽可能地发现软件错误,从而降低软件在运行过程中出现错误的概率。软件测试法有黑盒测试法和白盒测试法。前者不关心软件内部结构,只强调功能测试;后者注重软件内部结构,强调所有逻辑通路的测试。

在设计测试方案时,可采用自顶向下和自底向上相结合的方法,测试策略可以黑盒测试法为基本方案,辅以白盒测试法。系统测试说明书包括以下六项内容:

(1)概述,说明系统测试的目的。

(2)测试环境:①有关的硬件、软件、通信数据库;②有关的人员。

(3)测试内容。①系统/子系统/功能模块的名称;②性能技术指标。

(4)测试方案设计。①测试方法;②测试数据;③测试步骤。

(5)故障对策。①测试过程中的故障推测;②措施。

(6)测试结果的评价。①系统功能评价;②性能技术指标评价;③结论。

(七)系统使用和维护说明书

系统使用和维护说明书主要是面向用户的。使用说明部分通常是面向没有计算知识的业务人员,他们是计算机系统的最终用户,他们关心的是如何正确地使用该系统,从而解决自己的业务问题;维护说明部分面向具有一定计算机专业知识的技术人员,他们也是用户的一部分,其职责是维护计算机系统,使之正常运行,为业务人员提供计算机服务。系统使用和维护说明书包括以下五项内容:

(1)概述,说明系统使用和维护说明书的用途及有关专业术语、读者注意事项等。

(2)系统简介,包括系统功能概要,运行环境、系统性能介绍。

(3)系统安装与初始化。①系统安装包括硬件装配和软件装配(附屏幕操作命令);②系统启动与自动检测(附屏幕操作命令);③初始数据库的建立(附屏幕操作命令和样本);④系统结束处理和后备数据库的复制。

(4)运行说明。①运行作业表:列表说明每个作业的运行目的;②操作步骤(附样本):每一步的控制命令、操作信息、输入与输出数据及有关的数据文件。

(5)非常规过程。①应急操作说明;②故障恢复再启动过程。

(八)系统开发总结报告

在系统被验收确认,正式移交用户使用以后,系统开发过程到此基本结束了。工作人员要总结这项工程的工作经验，并对该系统加以评价，指出其成功和不足之处，以便于今后新项目的开发工作。系统开发总结报告包括以下四项内容：

(1)概述，说明该系统的任务提出者、系统开发的主要依据、系统开发的目的、系统开发的前景。

(2)项目结果，包括系统构成与主要功能、性能和技术指标、计划与实际进度对比、预算与实际开支对比。

(3)评价，包括系统的主要特点评述，采用的技术方法及评价，软件生产效率、质量的评价，存在的问题及错误原因分析。

(4)经验与教训，包括开发过程中的经验和教训、对今后工作的建议。

四、系统开发的方法

(一)结构化开发方法

结构化开发方法是指用一组标准的准则、工具、步骤从事某项工作。结构化开发方法大大地改进了系统的质量和开发工作的效率。在系统开发过程中，用结构化的方法进行系统分析，用结构化的方法进行系统设计，用结构化的方法进行软件程序设计都有相应的一些准则、工具和步骤。

用结构化开发方法进行系统分析包括以下基本指导原则：

(1)请用户共同参与系统开发；

(2)尽可能通过图形工具与用户进行交流；

(3)采用“自顶向下”的方法进行系统分析，把主要功能逐级分解成具体、比较单纯的功能；

(4)保留完备的文档资料。

用结构化开发方法进行系统设计包括以下基本指导原则：

(1)对于一个复杂的系统，用分解的方法予以化简；

(2)采用图形表达工具；

(3)有一组基本的设计原则；

(4)有一组基本的设计策略；

(5)有一组评价标准和质量优化技术。

用结构化开发方法进行软件程序设计是指，一个结构化程序是由基本控制结构构成的复合程序。这些基本控制结构包括以下五种结构：

(1)功能结构；

(2)顺序结构；

(3)条件结构(IF—THEN 结构)；

(4)选择结构(IF—THEN—ELSE 结构)；

(5)循环结构(WHILE—DO 结构)。

(二)快速原型法

根据用户的基本需求快速建立原型系统，再通过原型系统与用户沟通交流逐步完善系统。

(三)面向对象的方法

面向对象的方法的创立使软件系统的开发进入了一个崭新的阶段,可以说面向对象的方法是软件系统开发的一次最深刻的进步。目前所有的软件开发平台都具备面向对象的开发方法,否则就会失去市场。

第八章　模型库系统辅助决策

决策支持系统的有效运行离不开模型库的支持，模型库中存放着各类决策模型，这些模型能够对决策问题进行分析、预测、评价和优化，因此模型库和它的管理系统是决策支持系统的核心。通过模型或模型的组合来辅助决策是在数据库基础上对数据处理的进一步深入和细化，是决策支持系统产生的初衷和重要特征。

第一节　模型的概念

一、模型的基本概念

所谓模型(Model)是以某种形式对一个系统的本质属性的描述，以揭示系统的功能、行为及其变化规律。

人们认识和研究客观世界一般有三种方法：逻辑推理法、实验法和模型法。模型法是我们了解和探索客观世界方便、有效的方法，它在客观世界和科学理论之间架起一座桥梁，通过这座桥梁可以分析研究系统的各个侧面。

客观世界的实际系统是极其复杂的，它的属性也是多方面的。但是，建立模型绝不能企图将所有这些因素和属性都包括进去，否则，模型不但不能解决实际问题，反而把问题复杂化了。所以，建立模型只能根据系统的目的和要求，抓住本质属性和因素，忽略非本质因素，准确地描述系统。因此，模型来源于实际，又高于实际，但比客观世界更简单、更抽象，它是认识问题的飞跃和深化，而且它又是认识客观世界的重要手段。

二、模型特点

模型是客观世界的一个表征和体现，同时又是客观事物的抽象和概括，它主要有以下特点：

(1)模型比现实世界容易操作，尤其一些参数值的改变在模型中操作比在实际问题中操作更容易。

(2)有些实际问题，很难，甚至根本不可能做实验，通过建立模型可以克服这种困难，而且模型比现实容易理解一些。

(3)有些变量在现实中需要很长时间才能观察出它的变化情况，但用模型研究则可很快看出其变化规律，从而能最迅速抓住它的本质特征。

(4)用模型研究定量之间的关系，可以节约时间、降低费用。

(5)可以通过模型进行灵敏度分析，以便看出哪些因素对系统影响更大。

为了建立模型，首先应对所分析研究的对象有深入的了解，具备丰富的知识，并且要对外环境的影响以及内部各要素之间的相互关系有比较深的理解，再加上建模者的想象力、技能和创造性，才可能建立起我们所需要的模型。

由于每个人观察和分析问题的能力不同，考虑问题的角度和观点也不尽一致，每个人的思维、逻辑活动都存在差异，所以对同一问题不同的人所建立的模型也不尽相同。这就是说，建立模型没有一个固定的模式和规则。由于客观事物的复杂性，建立模型的方法也千变万化。建立模型是一种创造性的劳动，甚至有的人把它比做艺术创造。

建立模型的过程叫做模型化。模型化是完成系统分析的重要手段。如果模型不能反映系统的实际情况，系统分析和优化就失去了基础，系统决策就会产生失误。

在建立模型时，要充分了解和研究本系统的特点与属性，尽量借鉴已有的标准模型。但又要切忌把客观存在的系统去机械地套用现有的模型，这种做法往往会造成不良后果。

三、模型群和模型体系

(一)模型群

解决决策问题尤其复杂系统的决策问题时，可利用的模型众多，按它们的功能和用途可分为若干模型群体，即模型群。主要有以下几种：

(1)预测模型群。有关的定性模型有特尔斐法、主观概率预测法等；有关的定量模型有回归预测、平滑预测、马尔柯夫链预测等。在这些模型中还可以细分，如回归预测有一元回归、多元线性回归、非线性回归等；平滑预测有平均预测法、指数平滑法等。

(2)系统结构模型群。主要用来分析社会经济系统以及其他系统的结构，反映系统各要素之间的主要联系和关联作用，它们主要从宏观和结构上来描述与刻画系统的运行规律，如系统结构模型、层次分析模型、投入产出模型等。

(3)数量经济模型群。主要包括以经济活动为核心的计量经济模型和经济控制论模型。生产函数模型和消费需求模型都属于这一模型群。

(4)优化模型群。它是系统优化的主要手段和方法，主要包括线性规划、非线性规划、动态规划、目标规划和最优控制等方法。

(5)不确定模型群。这一类模型主要用来解决和描述系统中的不确定因素与不确定概念，它主要包括模糊数学模型、灰色模型和随机模型。

(6)决策模型群。主要包括单目标风险性决策、多目标决策，还有一些不确定型决策方法等。

(7)系统综合模型群。这一部分模型主要运用大系统分解协调原理对各子系统的优化方案进行综合，并通过计算机仿真，生成若干总体优化方案。

模型群是对系统模型技术的高度概括和总结，也对系统工程的理论基础和科学方法在模型技术上的反映作了进一步的抽象和阐述。例如，优化模型群所包括的内容应属于运筹学的各个分支。

(二)模型体系

目前，在各个领域取得了一批重大的软科学研究成果。在这些成果中充分运用了模型技术这一手段，并逐步形成了模型体系的概念。针对某一具体的系统决策课题，在利用模型技术分析、规划、评价该课题时，可应用不同模型群中的模型，也可应用不同种类的模型,其构成了解决这一系统决策课题的模型体系。如我们可以利用上述模型群建立基于 CIS 的空间分析模型体系,这也是当前 CIS 的一个重要发展方向。

模型体系应具备下列三个特点:

(1)多层次性。任何一个系统都具有多层次性,社会经济系统、军事指挥系统更是如此,因而相应的模型体系也应当是多层次的。不同层次上的模型解决不同层次上的实际问题,但系统的各层次之间又存在着相互关联。

(2)多形式。如上所述的模型群,它们的理论基础和技术手段各不相同,各有优缺点,各有适用的场合。

(3)多功能。实践中决策者的要求有时是相当广泛的,很难用单个甚至几个模型覆盖这些要求,需要构造一个多功能的模型体系,使之具有较大的针对性、实用性和灵活性。

建立多层次、多形式、多功能的模型体系是实际决策的需要,是一项长期的开创性工作,涉及许多理论问题和技术问题,难度很高,建立这种模型体系的工作本身是一项大的系统工程。

四、模型软件包和模型库

(一)模型软件包(Model Package)

模型软件包是由多个软件组织在一起的一种形式,这种组织形式是一种松散的联合,用户根据问题的需要,能够容易地调用软件包中任何一个软件。

(二)模型库(Model Base)

模型库是提供模型存储和表示模式的计算机系统。在这个系统中,还包含一个用以实现模型提取、访问、更新和合成等操作的软件系统,这个软件系统称为“模型管理系统”。

模型库和模型软件包的重要区别在于:在模型库中模型的存储模式和求解过程并不相联,并不是为某一目的而建立的独立程序及其集合,而是以基本模块和基本要素为存储单元的集合。从理论上讲,利用这些基本单元,可以构造任意形式和无穷多个模型。

模型库是决策支持系统(DSS)的共享资源,它由支持不同层次决策活动的基本模型组成,其中一些为支持频繁操作的单一模型;还有一些是用于生成新模型的基本模块和基本要素。这样模型库就是一个“产生”模型的基地,而不是预先建立的模型集合,通过模块的组合,可以使模型灵活地变更。因此,动态性是模型库的一个基本特征,也是研究模型生成技术的前提。

在模型库系统中,首先要考虑模型在计算机中的表示方法和存储模式,使模型便于管理,能灵活地连接,并参加推理。为了增强管理的灵活性和减少存储的冗余,模型的表示趋向于将模型分解成基本单元,由基本单元组合成模型。对应于不同的管理模式,基本单元采用不同的存储方式,目前主要有以下两种。

1. 模型的程序表示

传统的模型表示方法都是程序表示。包括输入、输出格式和算法在内的完整程序就表示一个模型。模型的程序表示方法适用于描述结构化的计算模型,是自使用计算机运行模型以来一直采用的传统方法。

这种表示方法主要有两个缺点:一是解程序和模型联系在一起,使模型难于修改;另一个是存储上和计算上的冗余,因而对每一种模型形式都有一套完整的计算程序,而不同形式的模型往往有许多计算是相同的,只有微小的差别,如线性规划模型的不同算法。模型的程序表示不能使这些共同的部分共享。

在模型库意义下的程序表示方法是将模型和解程序相分离,并将程序表示的模型分解成基本模块,不同模型中的共同部分可以调用相同的模块,这样就可以减少冗余。基本模块可以以适当的方式进行组合,形成新的模型,这样模型的修改和更新都比较方便。

另一种程序表示方法是以语句的形式表示,用通用的高级语言设计出一套建模语言。模型中的不同方程、约束条件和目标函数都对应于相应的语句,进而对应一般程序或句子。这种表示方法适用于熟悉建模和算法的运筹学专家,他们可以用这种语言构造一个建模程序或者运行模型的程序,而不涉及每个建模语句是如何实现的。这种方法进一步发展,就构成了模型定义语言。

2. 模型的数据表示

模型的数据表示就是通过数据的转换来研究模型,其优点是可以引用发展得比较成熟的关系数据库管理技术实现模型的管理。模型可描述为由一组参数集合和表示模型结构特征的数据集合而成的框架,输入数据集在关系框架下进行若干关系运算,得出输出数据集。这样,模型运算就可转换为数据的关系转换。这种方法使模型单元易于与其他单元通信,并且模型便于更新。

关于模型的表示方式以及相应的模型库管理系统(MBMS)的研究和应用还不是一个非常成熟的领域,还需要随着新技术和应用的情况不断发展与进步,可以说还有很大的研究和发展空间。

第二节　模型库管理系统

一、模型库管理系统(MBMS)的概念

模型管理库管理系统是生成模型和管理模型的一个计算机软件系统。用户可以通过MBMS灵活地访问、更新、生成和运行模型。

模型库管理系统从表面上看似乎类似于数据库管理系统,但是二者有很大的区别。模型描述的是一个相当复杂的实体,它涉及许多不同的参数以及这些参数之间的复杂关系。

一般认为,MBMS有如下几方面的功能要求:

(1)模型的表示:用知识、数据、子程序、对象等方法表示基本模型;

(2)模型的存储:提供模型在计算机中的存储方式,便于进行模型管理;

(3)模型的维护:提供模型的增加、删除、修改、查询、浏览、帮助等功能;

(4)模型的运行:模型独立于数据而存在,仅在运行时才与数据结合,从数据库中抽取数据,得出运算结果,提供给系统前台;

(5)模型的测试:对于每一个模型,系统都应提供检测模块,便于用户测试模型运行的正确性与准确性。

二、模型管理和数据库的结合

模型管理和数据库的结合经过了如下三个阶段:

第一阶段:模型和数据在单独的应用程序中结合起来,程序员不仅要编制程序的计算过程,还要设计数据结构,并把两者结合起来,如图 8-1 所示。那时还没有数据库和现成的子程序,由于程序完全对应于特定的应用,这种方法效率很高,但开发模型既费时又昂贵,也难于维护。

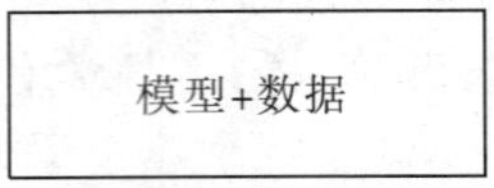

图 8-1　模型管理和数据库结合的第一阶段

第二阶段:广泛使用 DBMS 管理复杂的数据库,模型和数据通过数据库语言结合在一起,如图 8-2 所示。

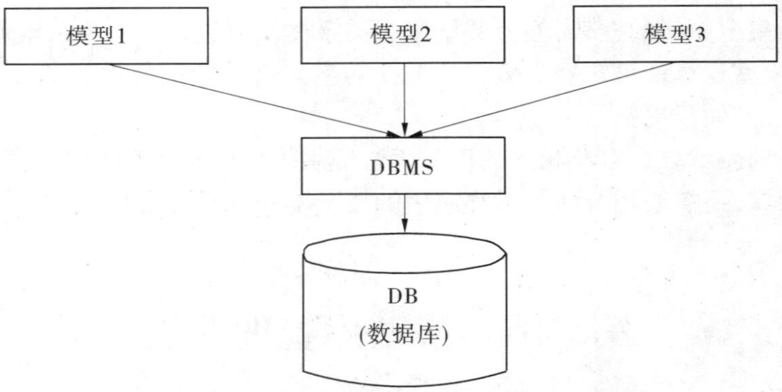

图 8-2　模型管理和数据库结合的第二阶段

第三阶段:通过 MBMS、DBMS 将模型库与数据库有机地结合起来,如图 8-3 所示。

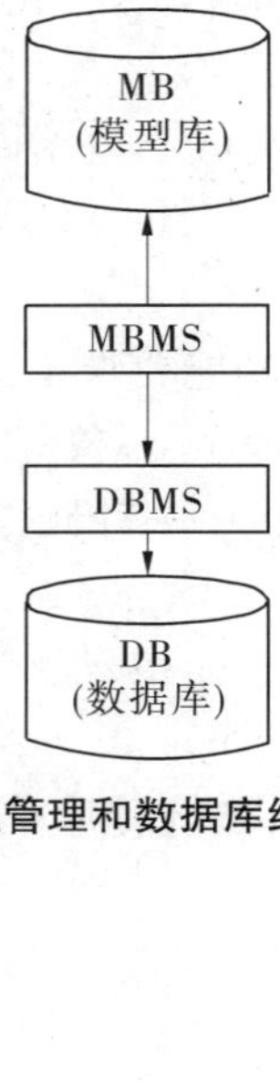

图 8-3　模型管理和数据库结合的第三阶段

第三节　模型管理技术的发展过程和研究内容

一、模型管理技术的发展过程

随着计算机科学和信息技术的不断发展，模型管理技术经历了由易到难、由简单到复杂的过程，主要包括如下几个阶段：

(1)子程序库、程序库。这是模型管理技术的初期阶段。比较成熟的模型和算法以子程序的形式汇编成册或存放在计算机内，用户可以根据自己的需要调用它们。这个时期的用户同时也是程序员，他们的任务是编制主程序。子程序可以多层嵌套，一个解决较小问题的主程序调试成功后，可以存放在程序库内，作为解决更大问题的子程序。

(2)模型软件包。这个时期由专职的程序员(也称软件人员)来研究模型并编制相应的程序，构造出一系列模型应用软件包。用户可以不必考虑程序问题，甚至不懂程序也可以，只要模型符合用户的要求，用户只需按规定使用相应的名字来调用模型即可。此阶段通常采用的对话方式是菜单，这时才真正进入了模型管理阶段。模型软件包降低了对用户的要求，但缺乏灵活性。这就是模型管理系统出现的背景和客观要求。

(3)模型管理系统。这个系统的最大特点是具有生成模型的能力，用户只需要描述问题的性质和环境条件，并且在计算机启发下深入地陈述自己的要求，由模型管理系统生成或选择模型。显然，这个系统能给用户以更大的方便，并且具有足够的灵活性。目前，MBMS 是 DSS 用于模型管理的主要方法。

(4)人工智能管理方法。近几年兴起的另一个研究方向是采用人工智能管理方法，建立基于产生式规则的知识表示方法，作为计算机中的模型表示形式。事实上，现在的研究方法是将人工智能的知识表示方法和数据库管理技术结合起来，数据库结构用于存储模型，而知识表示技术则是模型表示的主要工具。也就是说，目前的研究重点就是采用人工智能的概念和技术改善模型表示，使之更便于管理。例如，模型库、数据库和知识库的集成，自动建模技术，使用自然语言的人机界面和智能推理提取模型等，都是模型管理中的重要研究课题。

二、模型管理系统(MBMS)的主要研究内容

模型管理系统主要讨论以下四个核心问题：

(1)模型规范：模型的表示规范和解释系统。

(2)建模操作：问题的抽象，模型生成，模型体系的生成。

(3)使用管理：结果验证，灵敏度分析。

(4)使用管理和运行控制：选择模型，控制模型的运行状态。

第九章　知识库系统辅助决策

DSS 能够较有效地支持半结构化和非结构化问题的解决，这类问题单纯用定量方法无法解决，至少不能完全解决。为此，需要在 DSS 中建立知识库，以存放各种规则、因果关系、决策人员的经验等。此外，还应有综合利用知识库、数据库和定量计算结果进行推理和问题求解的推理机。

第一节　基本概念

一、数据（data）

计算机领域中的数据是属于软件范畴的一个广义的概念，它泛指一切可以被计算机接受的有结构的符号串，是软件中程序加工的原料与结果。

除我们熟悉的数值、字符等外，还有更为广泛的数据。例如可以用二元组（面粉，白的）来表示面粉具有白色这个属性，用二元组（政策，开放）来表示政策具有开放这个属性，等等，因此它们也是一些数据。

又如用三元组（中国，在东面，亚洲）表示"中国在亚洲的东面"，用（+，X，Y，Z）表示"X + Y = Z"这种关系，等等，它们分别也是我们定义下的数据。

二、信息（information）

这里把信息定义为"数据所表示的含义（或语义）"，因此可以说信息是对数据的解释，反之可称"数据是信息的载体"。例如"5"在一个具体的场合可以解释为"5 个人"，在另外一种场合又可以解释为"5 种方案"等。

一般信息都可用一组描述词及其值来描述：用（描述词：值，描述词：值，……，描述词：值）来描述一件事物、一个东西、一个人或一种现象等（统称为一个对象）的有关属性、状态、时间、地点、程度、方式等（统称为属性）。例如"1993 年 6 月 10 日华北地区非常晴朗"可描述为（时间：1993-06-10，地点：华北地区，天气：晴朗，程度：十分）。

三、知识

这里所谈的知识概念是专家系统操纵和管理的对象，与日常生活中所谈的知识有较大的区别，因此有必要首先弄清在知识处理的领域中如何定义知识，为知识库与推理机的进一步讨论奠定科学基础。为此，将"知识"定义为："知识是以各种不同方式把多个信息关联在一起的信息结构"，或者表达为"知识是多个信息之间的关联"。

四、知识的分类

（一）事实

事实是指人类对客观事物属性的值或状态的描述。这种知识一般不包含任何变量，可用一个值为真的命题陈述或一种状态的描述来表达。例如今天很热、我今年51岁、大海是蓝色的，等等，都表达一个事实。因为它们描述了客观事物在某种条件下各种属性或状态的真实的值。

（二）规则

规则指可以分为前提（条件）和结论两部分，用来表达因果关系的知识，它的一般形式为：

如果A则B

其中，A表示前提条件，B表示结论或应采取的动作。

由于一条规则的结论可能是另一条规则的前提条件，因此人们可以用这类知识并结合三段论推理形成一条推理链。这种知识在人工智能技术中获得了广泛的应用。

（三）规律

上述的规则一般还可以分为不带变量的规则和带变量的规则两种。我们把带变量的规则称为规律，规律中的变量可被实例化为一个具体的值。因此，随着变量实例化为各种不同的值，就可以从一条规律引出许多具体的规则，因而规律在这种意义上表示了一类知识，是比一般不带变量的规则反映更深刻的一种知识。

五、知识的属性

（一）真实性

知识既然是客观事物及客观世界的反映，必然具有真实性，它们应该经得起实践检验或用逻辑推理证明其真伪。

（二）相对性

所谓真实性也是相对的，知识的存在往往是有条件的和有环境要求的。一般知识不可能都无条件地真或绝对地真，或者无条件地假，而都具有"相对性"。在一定条件下和特定的时间内为真的知识，当时间、条件或环境改变时，它可能变成假的。例如"水的沸点是100 ℃"，这是以"外界气压为一个标准大气压"为条件的，如果外界的气压不是一个大气压，上述命题就不是真的。

（三）不完全性

现实中的知识往往又是不完全的。其原因是由于客观世界中很多事物本身往往是表露不完全的，它反映在人们头脑中对该事物的认识也就不可能完全。就因果关系而言，有时反映在对条件认识不完全，有时反映在对结论认识不完全。例如，"一个人发烧了，就有炎症"，这是一条不完全的知识，因为"中暑了也要发烧"，因而上述命题只是部分地真。

（四）模糊性

与知识的相对性和不完全性相关联的还有知识的模糊性。所谓模糊性，在某种意义上可以认为是对客观事物描述的进一步现实化。因为现实中的知识的真与假，一般说来并不总是“非真即假”，而是处于某种中介状态，模糊数学对客观事物的这种中介状态给予了恰当的描述。

（五）可表示性

知识是客观事物的抽象与概括，但它本身并不是一种物质的东西。然而它应该可以用各种方式加以表示，即具有“可表示性”，它的表示方式一般包括：

（1）用各种符号的逻辑组合来形象地表示知识。

（2）用图形来表示各种信息和记载丰富的知识，这也是知识库中人机界面的开发提倡的表示形式。

（3）物理的表示方式。即用物质的各种形态来表示各种信息和知识，例如机械的、电子的、生物的或光学的方法都可以用来表示知识。

由知识的可表示性又引出知识的另外三个属性：可存储性、可传递性和可处理性。在知识库和推理机的研究中就是研究与利用知识的这三个属性。

六、知识库

知识库概念是数据库概念在知识处理领域的自然拓展和延伸。知识库是经过分类组织的“知识的一个集合”。

七、知识库管理系统

知识库是知识的集合，当知识库以一定结构方式存储并具有一定共享性与永久性，且这种集合的元素数量很大时就需要管理，管理知识库的计算机软件就称为知识库管理系统（knowledge base management system，简称为 KBMS）

八、推理方法

推理是知识处理的重要方法，是知识库应用的主要形式和内容。在知识库应用中主要的推理方法有以下几种。

（一）演绎推理

演绎推理是指从前提逻辑地推出结论的推理方法。其主要方法有：

（1）三段推理法：如果 A 则 B，即如果 A 为真，则可推出 B 为真。

（2）反证推理法：即若知“如果 A 则 B”为真和 B 为假，则可推出 A 假。

（二）归纳推理

归纳推理包括枚举归纳法、逆推理法、消除归纳法及各种统计推理的方法。在很多情况下，它是从一个足够大的局部的知识推断（或推广为）全局的知识的方法。

（三）联想与类比

联想与类比是由一些关于已知事物的知识，推出关于与该事物类似的其他事物的知识的一类方法。根据联想或类比得到启发从而获得真正的新知识，是获得知识的一条重要途径。

（四）综合与分析

据对事物的宏观（整体）知识推断其微观（各个部分）知识的方法称为“分析方法”；

从事物的微观（各个部分）知识推出其宏观（整体）知识的方法称为“综合”。综合和分析也是人类推理经常采用的方法。

（五）预测

预测包括时间和空间两方面。根据事物的过去和现在的知识来推断未来的知识，这是时间的预测；从事物局部空间的知识推断其在局部以外的情况，这是空间的预测，也称外延。

（六）假设与验证

根据经验作出假设，用逻辑推理或实践检验的办法获得新的知识。这种方法有时全部或部分修正假设，然后再作验证，也可称为“试探推理法”。

第二节　知识的表示方法

在知识库中，根据知识的特点和应用的不同，常用的知识表示方法有以下几种。

一、产生式规则

产生式规则即将知识表示为一定组织的因果关系规则（一棵或多棵规则树）。

一个产生式规则的一般形式如图 9-1 所示。

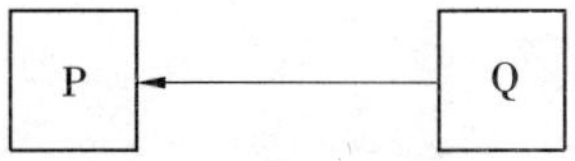

图 9-1　产生式规则

图 9-1 中，Q 为前提（因），P 是结论（果）。

多个产生式规则构成一棵或多棵规则树，如图 9-2 所示。

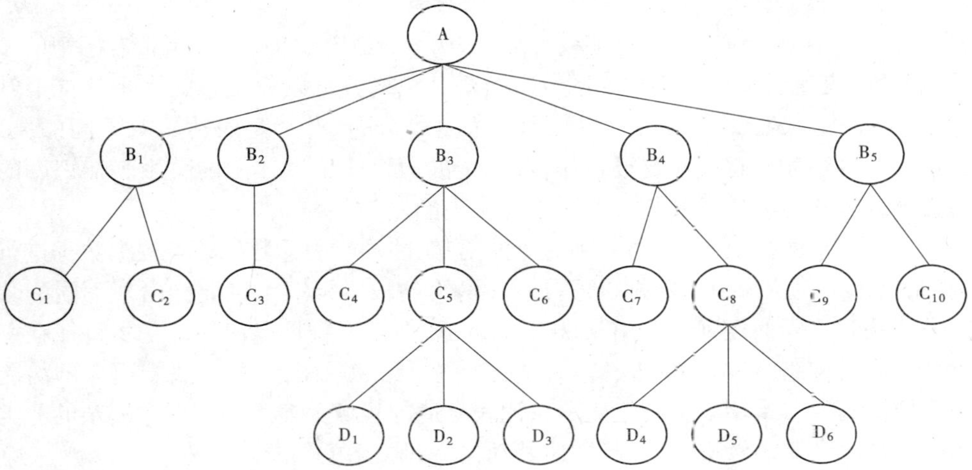

图 9-2　规则树

知识的产生式规则表示是目前知识库中知识的主要表达形式，即是专家系统中知识的主要组织形式。

二、谓词逻辑

用下述的关系表示知识的方法称为谓词逻辑：

谓词(数据项 1,数据项 2,…,数据项 n)

如 WRITE(学生,论文)表示知识“学生写论文”,LIVES(JOHN,HOUSE－1) AND COLOR(HOUSE－1,YELLOW)表示知识“JOHN 住在 HOUSE－1,HOUSE－1 是黄色的”,等等。谓词逻辑主要用在数理逻辑和机器证明领域。

三、语义网络

语义网络是指用网络格式表示人类知识构造的一种形式。语义网络既可以作为人类联想记忆的心理学模型,又可作为计算机内部表达知识的一种格式。

采用语义网络表示的知识库的特征是利用带标记的有向图来描述可能的世界,如图 9-3所示,它实际上是对知识的一种图示方法。

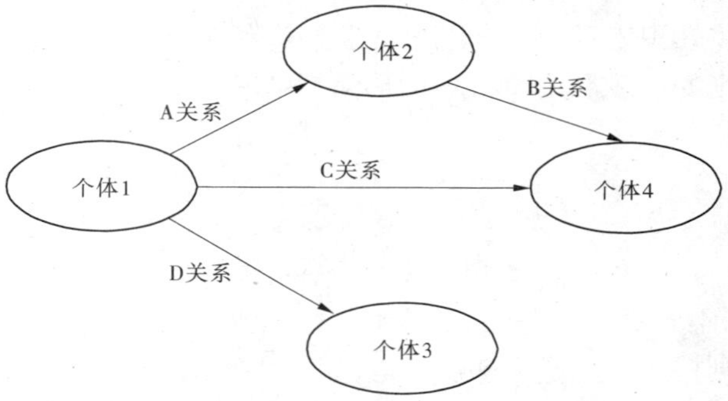

图 9-3　语义网络

在语义网络中,个体可以用图的一些结点来表示,结点之间通过一组带有标记的弧连结,带标记的弧表达了结点之间的关系。这样语义网络就可以将搜索的水平从词上升到概念,突破了辨识对象的局限,可以在数据层面进行分析,并清楚表达了对象间的关系。结点表示客体的性质、概念、状况或动作,带标记的边描述了客体间的关系。知识库的修改是通过插入或删除客体及其相关的关系来实现的。

摆在语义面前的挑战是,提供一种通用的语言,能同时表达数据以及根据数据进行推理的规则,这也是评价知识表示是否适合语义网络的根本标准。目前已出现不同的软件以不同的算法和不同的规则集使用 Web 上的数据,但其本身具有的一些基本特征在一定程度上会对语义网络 Web 中的知识表示提供一些思路和限制,并最终决定语义网络能够达到什么样的高度。采用语义网络表示法比较合适的领域大多是根据非常复杂的分类进行推理的领域以及需表示事件状况、性质及动作之间关系的领域。

除上述知识表示方法外还有其他方法,如框架表示、过程表示等,相信随着时间的发展还会出现更多的有效方法。

第三节　推理机与专家系统

一、推理机

推理机是指建立在知识库基础上的推理规则和方法。这里主要介绍基于用产生式规则表示知识的推理机。

推理机＝搜索＋匹配

在推理过程中，是一边搜索一边匹配。匹配需要找事实。这个事实一来自于规则库中的规则，二来自向用户提问。在匹配时会出现成功或不成功。对于不成功的将引起搜索中的回溯和由一个分枝向另一个分枝的转移。可见，在搜索过程中包含了回溯。

推理中的搜索和匹配过程，如果进行跟踪和显示，就形成了向用户说明的解释机制。解释机制可以或不显示那些对于失败路径的跟踪。

二、专家系统

（一）专家系统定义

专家系统是具有大量专门知识，并能运用这些知识解决特定领域中实际问题的计算机软件系统。

这里提到的解决实际问题是利用推理方法。也就是说，专家系统是利用大量的专家知识，运用知识推理的方法来解决各特定领域中的实际问题的计算机软件系统。

（二）专家系统的特点

专家系统需要大量的知识，这些知识属于规律性知识。它可以用来解决千变万化的实际问题，使计算机应用得到更大的推广。

计算机的应用发展概括为：

数值计算－－－－－－－－－数据处理－－－－－－－－－知识处理
（算法）　　　　（数据库处理）　　　　（推理）

以下用一个通俗的例子来说明。

求解微积分问题，是利用30～40条微分、积分公式来求解千变万化的微分、积分问题，得出各自的结果。其中微积分公式就是规律性知识，求解微积分问题就是对微积分公式进行反复地推理，最后得出该问题的结果。这个推理过程是一个不固定形式的推理，即前后用哪个公式，调用多少次这些公式都随着问题变化而变化。实际上，国外确实已经建立了求解不定积分的专家系统。

（三）专家系统结构

专家系统的基本结构如图9-4所示。

（四）专家系统开发工具

1. LISP

LISP语言是一个历史悠久的人工智能语言，其流行的版本众多，比较著名的是由美国麻省理工学院、斯坦福大学和DEC公司、Xerox公司联合推出的Common LISP，其应用

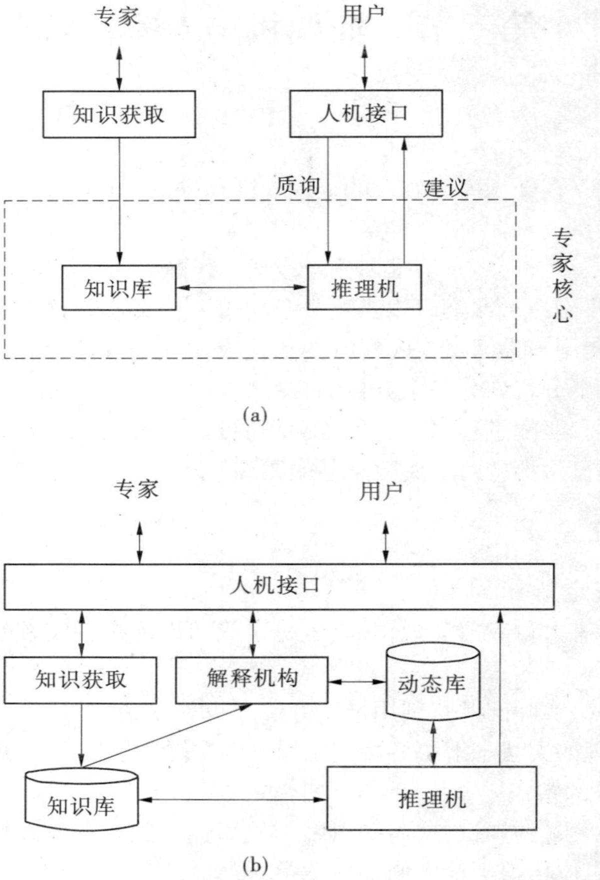

图 9-4 专家系统基本结构

最为广泛。

LISP 是典型的函数型语言,即用函数表示并实现知识的推理。

2. PROLOG

PROLOG 语言也是一个著名的人工智能语言,也有较多的版本,其中,比较著名的是由法国马赛大学研制开发的。PROLOG 被认为是当代最有前途的人工智能语言,1982 年日本宣布了一个宏伟的第五代计算机计划,把 PROLOG 选为系统的基本语言,使得 PROLOG 更加受到重视。

PROLOG 是典型的逻辑型语言,即用谓词逻辑表示并实现知识的推理。

3. 其他高级语言

除上述专用的人工智能语言外,C、basic、pascal 语言是常见的过程型语言,VC、VB、DELPHI 等是常见的面向对象语言,它们也可以用来表示和推理知识,开发比较简单的专家系统。

(五)专家系统的主要类型

专家系统是一种模拟人类专家解决领域问题的计算机程序系统。目前应用比较成熟的专家系统按所求解问题的性质有以下几种类型：

(1)诊断类专家系统(expert system for diagnosis)。诊断专家系统是根据症状的观察与分析，推断故障所在，并给出排除故障的方案的系统，占了已存在的专家系统的很大比例。它包括了医学的、电子的、机械的、社会的、农业的和经济的等方面的各种诊断系统与排错系统。

例如 MYCIN、CASNET、CADUCEUS/INTERNIST、PUFF 和 ACE 等都是属于这一类的专家系统。

(2)预测类专家系统(expert system for prediction)。预测专家系统是根据观察的现状预测未来的系统。例如，天气、水文、人口、地质、经济乃至政治等方面的预测系统。预测是根据知识进行外推的过程，强烈地依赖于历史资料的统计以及工作经验的积累，如 TYT 系统就属于这类专家系统。

(3)解释类专家系统(expert system for interpretation)。解释专家系统是根据表面或外观观察的情况进行分析，解释深一层的结构或内部可能情况等的系统。例如地质结构、化学结构、图像、信号等解释和各种语言的理解等系统。较著名的 DENDRAL、PROSPECTOR 和 HEARSAY－II 等都属这类专家系统。

(4)数学专家系统(expert system for math)。数学专家系统指用来自动解决某个数学领域内某些数学问题的程序系统。目前做成的有特定领域的定理自动证明系统和符号运算系统等。例如，著名的 MACSYMA 就是一个较早研究成功，具有高效地进行符号微分和积分、简化代数式等功能的程序系统。

(5)设计与规划专家系统(expert system for design and planning)。这种专家系统能根据设计要求或规划目的制定项目设计或行动规划的辅助系统，包括各种智能 CAD 系统程序自动生成，演习或军事计划的制订，运输或财政方案的制订和配置选择等。例如 R1、MOLGEN 和 SACON 等都可归入此类专家系统。

(6)咨询与决策专家系统(expert system for inquiring and deciding)。咨询与决策专家系统又称智能决策支持系统，是一般决策支持系统的智能化产物。它能给各种决策人员或部门提供数据、方法和方案选优等不同层次的决策支持。它包括各种领域的智能决策支持系统，各种咨询系统，辅助调度系统等。目前这类系统较成功的有 Management Advisor、Expertax、Capital Expert Systems、Seats 等。

(7)教学类专家系统(expert system for instruction)。教学专家系统不但能对领域知识进行传授，而且能对学生提问，指出学生回答中的错误，并进行解释，分析错误的原因，以指导纠正错误等。此外，它还能根据学生们问题的回答评价学生掌握知识的水平，即评分。

(8)知识自动获取系统(system of knowledge automatic acquiring)。知识自动获取系统指各种能自动或半自动地获取和增长知识的系统。知识获取是知识处理中一个很重要的研究课题。具有学习功能的自动知识获取系统一直是人工智能学者们追求的一个目标，但至今成绩甚微。例如 TEIRESIAS 是 MYCIN 的一部分，它是用来把专家的知识转变为专家系统的知识库中知识的一种辅助程序。

此外，还有监视类专家系统、控制类专家系统、调试类专家系统和军事指挥类专家系统等。

第十章　决策支持系统

决策支持系统（Decision Support System，简称 DSS）是信息系统研究的最新发展阶段。自美国麻省理工学院的 Michael S. Scott Morton 和 Peter G. W. Keen 于 20 世纪 70 年代首次提出"Decision Support System"以来，在短短的 20 年里，各国学者对 DSS 的理论研究与开发应用进行了卓有成效的工作。目前，DSS 已成为系统工程与计算机应用领域中的重要研究课题，甚至是计算机辅助决策之集大成的必然趋势。

决策支持系统实质上是在管理信息系统和管理科学/运筹学的基础上发展起来的。管理信息系统用来对大量数据进行数据处理，完成管理业务工作和辅助决策；管理科学/运筹学运用模型辅助决策；而传统的 DSS 是将大量数据与多个模型、模型库结合起来，现代智能的 DSS 还要进一步将推理方法与知识库结合起来，通过人机交互达到支持半结构甚至非结构化决策问题。

第一节　决策支持系统的产生与发展

一、DSS 的产生背景

电子计算机问世不久就被应用于管理领域，开始人们主要用它进行数据处理和编制报表，其目的是实现办公自动化，通常把这一类系统所涉及的技术称做电子数据处理 EDP（Electronic Data Processing）。EDP 把人们从烦琐的事务处理中解脱出来，大大地提高了工作效率。但是，任何一项数据处理都不是孤立的，必须与其他工作进行信息交换和资源共享，因此有必要对一个企业或一个机关的信息进行整体分析和系统设计，从而使整个工作协调一致。在这种情况下，管理信息系统（Management Information System，MIS）应运而生，使信息处理技术进入了一个新的阶段，并迅速获得发展。

管理信息系统是一个由人、计算机等组成的，能进行管理信息的收集、传递、储存、加工、维护和使用的系统。MIS 能实测企业的各种运行情况，利用过去的数据预测未来，利用信息控制企业行为，帮助企业实现其规划目标。因此，MIS 能把孤立的、零碎的信息变成一个比较完整的、有组织的信息系统，不仅解决了信息存放的"冗余"问题，而且大大提高了信息的效能。但是，MIS 只能帮助管理者对信息作表面上的组织和管理，而不能把信息的内在规律更深刻地挖掘出来为决策服务。

20 世纪 70 年代末，学术界对于应用系统分析、传统运筹学、管理信息系统（MIS）进行了认真的反思。人们发现，应用系统分析、传统运筹学在解决现实世界问题（特别是比较复杂的社会、经济、环境等问题）时遇到了不少障碍。应用系统分析的许多模型、方法往往看起来有用但有时并不真正能用，很多研究成果仅仅停留在研究室里、书面报告之中，大部分束之高阁，真正为决策者采纳并付诸实施的成功案例并不多，系统分析人员与决策者（特别是高层决策者）之间缺乏必要的沟通。传统的系统分析方法对系统中人的因素和作用考虑不够或缺乏有效的手段去考虑是造成这种现象的重要原因。另一方面，在电子数据处理（EDP）之后发展起来的 MIS 也没有达到预期的社会经济效果，这是由于 MIS 技术及方法论上固有的缺陷造成的，特别是刻板的结构化系统分析方法、漫长的生命周期及信息导向的开发模式使传统的 MIS 难于适应多变的外部及内部管理环境，对管理人员的帮助十分有限。这种始于 20 世纪 70 年代末的反思还产生了另一个重要的结论：系统分析人员和信息系统本身都不要企图取代决策者去作出决策，支持决策者才是他们正确的地位。于是人们自然期望一种新的用于管理的信息系统，它在某种程度上可克服上述缺点，为决策者提供一些切实可行的帮助。

庆幸的是，20 世纪 70 年代末以来，与完成这一任务相关的学科都有了长足的进步，已发展到完善地步的运筹学模型，数理统计方法及其软件的发展，突破单一的效用理论框架的多目标决策分析，人工智能方面的知识表达技术、专家系统语言及智能用户界面的发展，小型、高效率、廉价的微机及工作站的出现，数据库及其管理系统，图形专用软件，各类软件开发工具等均为广泛的研制和应用 DSS 提供了良好的技术准备与物质准备。

综上所述，自 20 世纪 70 年代中期 Keen 和 Scott Morton 创造的“决策支持系统（DSS）”问世以来，作为用于管理的一种新型的计算机信息系统，其已经得到了迅速的发展，它已成为系统工程、管理科学、人工智能等领域十分活跃的研究课题。10 余年来，尤其是 1985 年以来，以 DSS 为“标签”的研究课题、各种实际系统，以及少数成功的案例的介绍像雨后春笋一样出现在国内外的有关刊物或报告之中，然而像所有处于发展之初的学科或研究方向一样，DSS 作为一个崭新的领域，目前还处在一个不断发展和成熟的阶段，还有一系列理论和实际问题尚待解决。

二、DSS 的发展

1971 年 Scott Morton 在《管理决策系统》一书中第一次指出计算机对于决策的支持作用。1971 年到 1976 年，从事决策支持系统研究的人数逐渐增多，大部分人认为决策支持系统就是交互式的计算机系统。1975 年以后，决策支持系统（DSS）作为这一领域的专有名词逐渐被大家承认，并出现了比较成功的应用系统。归纳起来，目前较有代表性的 DSS 有以下几种：

（1）Portfoilo Management System（T. P. GerRy，1971）。这个系统的作用是支持投资者对顾客证券管理的日常决策，它具有股票分析、证券处理和分类等功能。其中一些工作纯属事务性的，如财会记录、历史活动汇总等，另一些工作有较强的技术性。美国几家主要的银行都配备了这套系统。

（2）Brandaid（J. D. C. Little，1975）。这个系统主要用于产品推销、定价和广告决策的混合市场模型。它规定了一种设计模型的准则，用户根据这种准则来优选模型或者把模型与其他信息资源连接起来。这个系统提供了一种结构，把商品销售和利润与经理的行动联系在一起，使经理和管理人员能快速而方便地分析战略。

（3）Projector。该系统是一种交互式的 DSS，用于支持企业短期规划。它主要是帮助经理构造问题和探求可能解决的分析方法。Projector 认为，决策支持系统的主要特征是它注重探索，系统决不提供任何“答案”，而只是帮助决策者开发他们自己的分析方法。

(4) Geodata Analysis and Display System (GADS)。这是由 IBM 研究部开发的一个试验系统，其作用是用计算机来构造和演示地图，它被用于警察巡逻路线的辅助设计、城市发展规划、学校辖区范围的安排等，特别适用于非技术用户。

(5) Capacity lnformation System (CIS)。本系统适用于大型卡车生产厂家的规划部。它可以迅速建立或修改产品计划，包括安排计划进度，协调部件和最终产品。它并不提出解决问题的每一细节，只能作为辅助规划决策。

(6) Generalized Management lnformation System (GMIS)。该系统的目标在于集成现有的工具，决策者可以利用他们自己熟悉的语言和数据管理系统。这个系统主要为处理能源规划问题提供一种特殊的 DSS。

第二节　DSS 发展的理论基础

DSS 是一种开放的技术，它总是在不停地吸收其他学科的营养。可以说，只要能面向计算机并且给决策人员提供帮助，DSS 都可以并且可能把它转化为自己的技术。一般地，除特定决策领域的知识不可或缺外，DSS 的理论基础主要有以下几个方面。

一、信息论

信息论是运用信息的观点，把系统看做是借助于信息的获取、传送、加工、处理而实现其有目的性行动的研究方法。DSS 实质上是一类信息处理系统，所以在理论分析时，Shannon 引出的概念很重要。实际上，DSS 的主要概念和基本理论与信息论都有着密不可分的重要关系。

二、计算机技术

DSS 作为一个很重要的计算机应用领域，需要计算机技术作为它的理论支持，计算机硬件、软件技术是 DSS 开发的制约因素。

三、运筹学与管理科学

管理科学(MS)比较强调应用，它通常用计算机来解决管理和决策问题。管理科学(MS)特别是运筹学(OR)提供了一系列优化、决策和仿真模型，为揭示决策问题的深层次特征和发展规律提供了强大的支持。它是 DSS 的重要组成部分，是 DSS 发展的重要动力。

四、行为科学

大量的研究表明，系统模型所表现的缺陷甚至失败很少是因为技术上的原因，而多半是由于脱离实际，所以行为科学对于 MS、MIS、OR、DSS 的研究和引用也是非常必要的。

五、人工智能

决策支持系统问世以来，经历了上升和徘徊的过程，而20世纪80年代开展起来的人工智能技术为DSS注入了新鲜血液，使它重新产生了活力。将人工智能技术用于管理决策是一项开拓性工作。当前已经开始研究知识库支持的决策支持系统，用领域专家的知识来分析、决策、选择和组合模型，完成问题的推理和运行，并且为用户提供智能的交互接口。

人工智能技术作为计算机应用研究的前沿，在近10年里取得了惊人的进展，呈现了光明的前景，其中最诱人的成果是专家系统（ES）的实用化。专家系统是一组智能计算机程序，它具有人类领域的权威性知识，用于解决现实中的困难问题。当今世界上已有上千个专家系统，应用于医学、诊断、探矿、军事、计算机配置、辅助教育等各种领域，并且已开始涉足财政分析、计划管理、工程评估、法律咨询等管理决策领域。可以预言，专家系统参与解决管理科学中半结构和非结构化问题是辅助决策的未来。

决策支持系统（DSS）和专家系统（ES）虽然处于不同的学科范畴，有着不同的解决问题方法，前者运用的是数据和模型，后者运用的是知识和推理，在管理科学应用领域内一个是方兴未艾，一个是后起之秀，各有特色。但是，它们的互相结合和互相渗透，将会把计算机用于决策支持技术推向一个新的高度。

第三节　DSS的系统结构

一、计算机信息处理及辅助决策技术的发展进程

借助计算机技术，利用信息辅助决策技术的发展进程可以用图10-1来表示。

二、DSS的构成部件

根据图10-1所示，DSS的构成部件主要有以下几个部分：

（1）人机交互部件。实现与决策人员的交互和沟通，一个良好的人机交互部件是DSS成功的关键步骤之一，也是决策者决定使用的首要理由。

（2）数据库管理部件。数据库（DB）是DSS的一个基本部件。一般情况下，任何一个DSS都不能缺少数据库及其管理系统。

（3）模型库管理部件。模型库系统（MB）是传统DSS的重要部件，是DSS最具有特色的部件之一。与MIS相比，DSS之所以能够对决策提供有效的支持，除设计思想不同外，主要在于DSS中有能够为决策者提供推理、比较选择和分析问题的模型库。

（4）知识库及其推理机部件。当DSS向智能发展时，知识和推理的研究就显得越来越重要。事实上，只有当知识和推理技术被娴熟地用于DSS时，决策支持才能达到一个真正理想的境界。

三、DSS的结构

目前DSS的常见结构主要有以下四种。

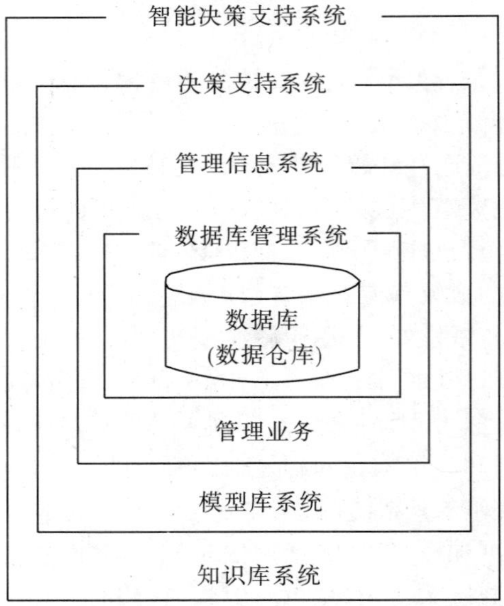

图 10-1　计算机信息处理及辅助决策技术的发展进程

(1)三角结构,如图 10-2 所示。

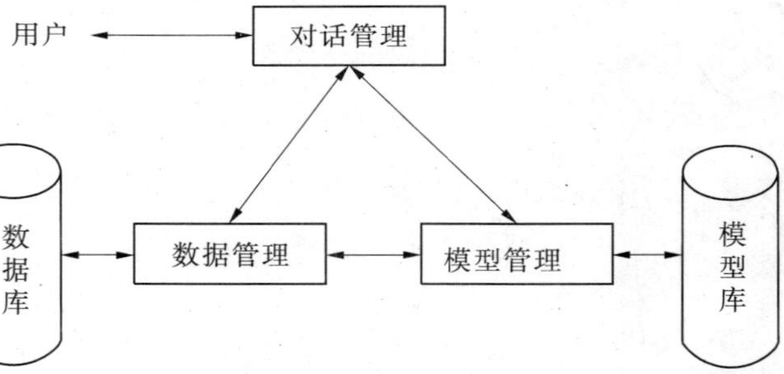

图 10-2　三角结构

(2)串联结构,如图 10-3 所示。

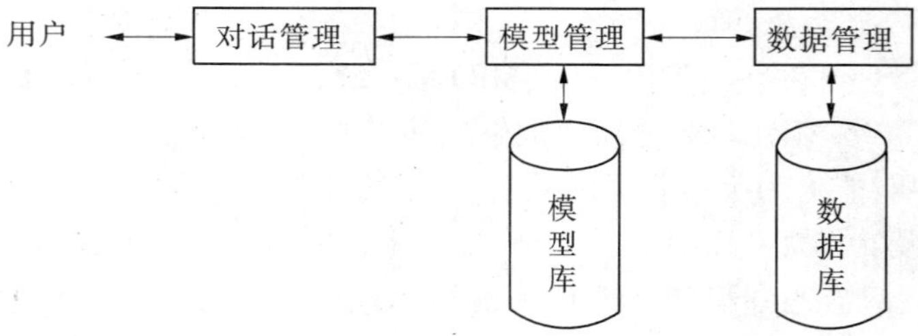

图 10-3　串联结构

(3)熔合式结构,如图 10-4 所示。

(4)智能 DSS 结构,如图 10-5 所示。

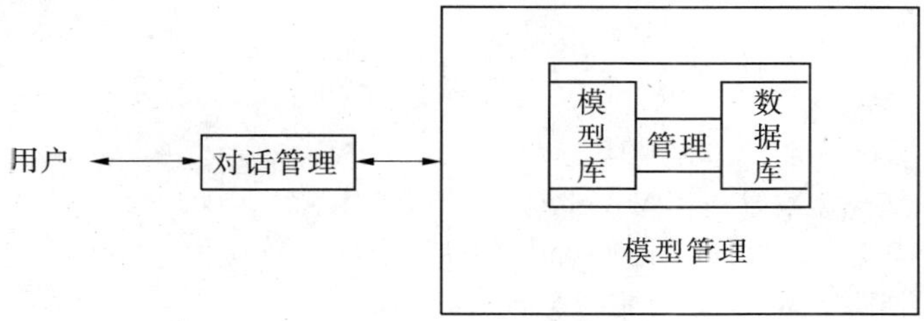

图 10-4　熔合式结构

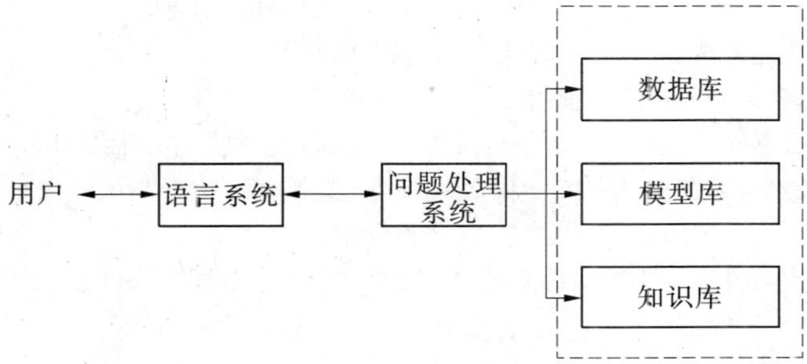

图 10-5　智能 DSS 结构

参 考 文 献

[1] 教材编写组. 运筹学[M]. 北京:清华大学出版社, 2005.
[2] 胡运权,等. 运筹学基础与应用[M]. 北京: 高等教育出版社, 2004.
[3] 朱建青. 军事运筹学基础[M]. 北京:解放军出版社, 2000.
[4] 何坚勇. 运筹学基础[M]. 北京: 清华大学出版社, 2000.
[5] 程理民,等. 运筹学模型与方法教程[M]. 北京: 清华大学出版社,2000.
[6] 韩中庚. 实用运筹学模型、方法与计算[M]. 北京: 清华大学出版社, 2007.
[7] 王树禾. 图论及其算法[M]. 合肥: 中国科学技术大学出版社,1990.
[8] 席少霖,等. 最优化方法[M]. 上海: 上海科学技术出版社,1983.
[9] 王要武. 管理信息系统[M]. 北京:电子工业出版社,2008.
[10] 徐洁磐. 现代数据库系统教程案例[M]. 北京: 北京希望电子出版社,2002.
[11] 高洪深. 决策支持系统理论、方法、案例[M]. 2 版. 北京:清华大学出版社,2000.
[12] 陈文伟. 决策支持系统教程[M]. 北京:清华大学出版社,2004.
[13] 杨善林. 智能决策方法与决策支持系统[M]. 北京: 科学出版社, 2005.
[14] 邵军力,等. 人工智能基础[M]. 北京:电子工业出版社,2000.
[15] 宣家骥. 多目标决策[M]. 长沙: 湖南科学技术出版社,1989.
[16] 姜青舫. 实用决策分析[M]. 贵阳: 贵州人民出版社,1988.